中3数学を
ひとつひとつわかりやすく。

［改訂版］

JN021164

Gakken

☺ みなさんへ

世界中の誰もがわかる，万国共通のことばを知っていますか？

それは，英語や日本語ではなく，数式です。数学とは，人がなにかを論理的に考えて，それを伝えるために生み出された，素晴らしい発明品です。

中学3年生の数学では，中学1・2年生で学んだことを土台としながら，平方根，2次方程式，三平方の定理など中学の数学の集大成となる内容を扱います。高校や大学の数学につながる考え方もあります。

学年が上がるごとに難しくなる数学を，苦手に思う人も多いかもしれません。

この本では，学校で習う内容の中でも特に大切なところを，図解を使いながらやさしいことばで説明し，簡単な穴うめをすることで，概念や解き方をしっかり理解することができます。

みなさんがこの本で数学の知識や考え方を身につけ，「数学っておもしろいな」「問題が解けるって楽しいな」と思ってもらえれば，とてもうれしいです。

☺ この本の使い方

1回15分、読む→解く→わかる！

1回分の学習は2ページです。毎日少しずつ学習を進めましょう。

左ページが書き込み式の解説です。

書き込み式の練習問題です。

ポイント **ミス注意**
まちがえやすい部分や学習のコツがのっています。

もっとくわしく **よくあるまちがい** **ふりかえり中1**
さらにくわしい内容がのっています。

答え合わせも簡単・わかりやすい！

解答は本体に軽くのりづけしてあるので，引っぱって取り外してください。

問題とセットで答えが印刷してあるので，簡単に答え合わせできます。

復習テストで、テストの点数アップ！

各分野のあとに，これまで学習した内容を確認するための「復習テスト」があります。

☺ 学習のスケジュールも，ひとつひとつチャレンジ！

まずは次回の学習予定日を決めて記入しよう！

最初から計画を細かく立てようとしすぎると，計画を立てることがつらくなってしまいます。まずは，次回の学習予定日を決めて記入してみましょう。

1日の学習が終わったら，もくじページにシールを貼りましょう。
どこまで進んだかがわかりやすくなるだけでなく，「ここまでやった」という頑張りが見える
ことで自信がつきます。

カレンダーや手帳で，さらに先の学習計画を立ててみよう！

スケジュールシールは多めに入っています。カレンダーや自分の手帳にシールを貼りながら，まずは1週間ずつ学習計画を立ててみましょう。

あらかじめ定期テストの日程を確認しておくと，直前に慌てることなく学習でき，苦手分野の対策に集中できますよ。

計画通りにいかないときは……？

計画通りにいかないことがあるのは当たり前。

学習計画を立てるときに，細かすぎず「大まかに立てる」のと「予定の無い予備日をつくっておく」のがおすすめです。

できるところからひとつひとつ，頑張りましょう。

もくじ 中3数学

😊 次回の学習日を決めて，書き込もう。
1回の学習が終わったら，巻頭のシールを貼ろう。

①章 多項式の計算

②章 平方根

③章 2次方程式

④章 関数 $y=ax^2$

わかる君を探してみよう！

この本にはちょっと変わったわかる君が全部で5つかくれています。学習を進めながら探してみてくださいね。

色や大きさは，上の絵とちがうことがあるよ！

中2で学習した(数)×(多項式)の計算は，分配法則を使って，次のように計算しましたね。

$$4(2a+3b)=4\times 2a+4\times 3b=8a+12b$$

【分配法則】

$$a(b+c)=ab+ac$$

(単項式)×(多項式) の計算をしてみましょう。

問題❶ $4a(2a+3b)$

(数)×(多項式)の計算と同じように，分配法則を使って，単項式をかっこの中のすべての項にかけます。

$$4a(2a+3b)=4a\times \boxed{}^{❶}+4a\times \boxed{}^{❷}=\boxed{}^{❸}$$

次は，(多項式)÷(単項式) の計算のしかたを考えてみましょう。

問題❷ (1) $(12a^2+9ab)\div(-3a)$　　(2) $(4x^2y-6xy^2)\div\dfrac{2}{5}xy$

わり算は，逆数を使ってかけ算に直して計算します。

(1) $(12a^2+9ab)\div(-3a)$

$$=(12a^2+9ab)\times \left(\boxed{}^{❹}\right)$$

逆数をかける。

$$=\dfrac{12a^2}{\boxed{}^{❺}}+\dfrac{9ab}{\boxed{}^{❻}}$$

約分する。

$$=\boxed{}^{❼}$$

(2) $(4x^2y-6xy^2)\div\dfrac{2}{5}xy$

$$=(4x^2y-6xy^2)\times \boxed{}^{❽}$$

逆数をかける。

$$=\dfrac{4x^2y\times 5}{\boxed{}^{❾}}-\dfrac{6xy^2\times 5}{\boxed{}^{❿}}$$

$$=\boxed{}^{⓫}$$

基本練習

1 次の計算をしましょう。

(1) $5a(b+2)$

(2) $-2x(4x-3y)$

(3) $(4x+5y)\times(-7y)$

(4) $\dfrac{1}{3}a(6a-9b)$

(5) $(6a^2+4a)\div 2a$

(6) $(3x^2-15xy)\div(-3x)$

(7) $(2ab+5b^2)\div\left(-\dfrac{1}{4}b\right)$

(8) $(8x^2y-6xy^2)\div\dfrac{2}{3}xy$

😊 ミス注意 (5)〜(8)単項式を逆数に直すとき，符号まで逆にしないようにしよう。

もっとくわしく　単項式の逆数は？

単項式の逆数も，数の逆数と同じようにつくることができます。

● $-3a$ の逆数は？　　　$-3a=-\dfrac{3a}{1}$ ⤬ $-\dfrac{1}{3a}$

このように，単項式でも逆式とはいわずに逆数といいます。
係数が分数の単項式の逆数は，次のように考えてつくります。

● $\dfrac{2}{5}xy$ の逆数は？　　　$\dfrac{2}{5}xy=\dfrac{2xy}{5}$ ⤬ $\dfrac{5}{2xy}$

02 式の展開 多項式どうしのかけ算

→ 答えは 別冊2ページ

単項式と多項式，または，多項式どうしのかけ算を，かっこをはずして単項式だけの
たし算の形で表すことを，もとの式を**展開する**といいます。

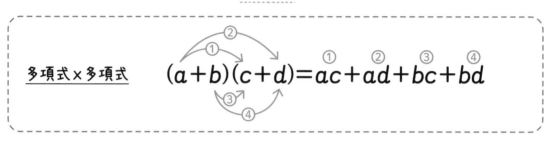

多項式×多項式　$(a+b)(c+d)=\underset{①}{ac}+\underset{②}{ad}+\underset{③}{bc}+\underset{④}{bd}$

問題① 次の式を展開しましょう。

(1) $(a+b)(c+d)$　(2) $(x+2)(y-3)$　(3) $(2a+1)(a+4)$

---

(1) $c+d$を1つのものとみて，これをMとすると，

$$(a+b)\underset{Mとする}{(c+d)}=(a+b)M$$
$$=aM+bM$$
$$=a(c+d)+b(c+d)$$
$$=\boxed{①}+\boxed{②}+\boxed{③}+\boxed{④}$$

分配法則を利用する。

Mを$c+d$にもどす。

さらに分配法則を利用する。

(2) 次の①から④の順にかけ合わせていきます。

$(x+2)(y-3)=\underset{①}{xy}\ \underset{②}{\boxed{⑤}}\ \underset{③}{\boxed{⑥}}\ \underset{④}{\boxed{⑦}}$

【積の符号】

$\left.\begin{array}{l}(+)\times(+)\\(-)\times(-)\end{array}\right\}(+)$

$\left.\begin{array}{l}(+)\times(-)\\(-)\times(+)\end{array}\right\}(-)$

(3) 展開した式に同類項があるときは，それらを計算してまとめます。

$$(2a+1)(a+4)=2a^2+\boxed{⑧}+\boxed{⑨}+4=2a^2+\boxed{⑩}+4$$

同類項はまとめる。

1 次の式を展開しましょう。

(1) $(a-b)(c-d)$

(2) $(x+4)(y+5)$

(3) $(a+3)(b-7)$

(4) $(x+1)(x+7)$

(5) $(2x-1)(x-2)$

(6) $(a-b)(3a+2b)$

😊 ミス注意 (4)〜(6)展開した式に同類項があったら，必ずまとめておこう。

もっとくわしく　まとめられるのは同類項だけ！

文字の部分が同じである項を同類項といいましたね。

┌─同類項─┐
$2a$と$-3a$，xyと$5xy$

┌─同類項ではない─┐
abと$4bc$，$3x^2$と$-6x$

$2x^2y$と$-3xy^2$は同類項ではないので，これ以上まとめることはできないよ。

展開した結果，同類項が見つかったら，それらをまとめます。

例　$4x^2y-8xy^2+5xy^2-2x^2y=4x^2y-2x^2y-8xy^2+5xy^2=2x^2y-3xy^2$

03 乗法公式① $(x+a)(x+b)$の展開は？

→ 答えは 別冊2ページ

公式$(a+b)(c+d)=ac+ad+bc+bd$を使って，次の式を展開してみましょう。

問題❶ $(x+a)(x+b)$ を展開しましょう。

①から④の順にかけ合わせて，同類項をまとめます。

$$(x+a)(x+b)=x^2+\boxed{}+\boxed{}+ab=x^2+\left(\boxed{}\right)x+ab$$

この計算の結果は，公式として利用することができます。

乗法公式① $(x+a)(x+b)=x^2+\boxed{a+b}x+\boxed{ab}$
和　　　　積

問題❷ 乗法公式①を使って，次の式を展開しましょう。
(1) $(x+2)(x+5)$　　　　(2) $(a+3)(a-4)$

(1) 乗法公式①に，$a=2$，$b=5$をあてはめます。

$$(x+2)(x+5)=x^2+\left(\boxed{}+\boxed{}\right)x+\boxed{}\times\boxed{}$$
和　　　　　　　積

$$=x^2+\boxed{}x+\boxed{}$$

(2) $(a+3)(a-4)=a^2+\left\{\boxed{}+\left(\boxed{}\right)\right\}a+\boxed{}\times\left(\boxed{}\right)$

$$=\boxed{}$$

負の数は かっこをつけて 計算しよう。

010

基本練習

1 次の式を展開しましょう。

(1) $(x+2)(x+3)$

(2) $(x+6)(x-4)$

(3) $(a-8)(a+5)$

(4) $(y-1)(y-7)$

(5) $(x+9)(x-10)$

(6) $(b-7)(b-8)$

ミス注意 負の数にかっこをつけて計算すると，符号のミスが防げる。

もっとくわしく 図で表すと

右の長方形で，乗法公式①を考えてみましょう。

この長方形の面積を，

● (縦)×(横)で表すと，$(x+a)(x+b)$ … 乗法公式①の左辺

● 小さな4つの四角形の面積の和とみると，

$x^2+ax+bx+ab=x^2+(a+b)x+ab$ … 乗法公式①の右辺

どちらも同じ長方形の面積を表しているので，

$(x+a)(x+b)=x^2+(a+b)x+ab$ となります。

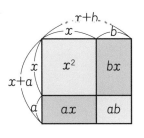

04 $(x+a)^2$の展開は？

乗法公式②，③

→ 答えは
別冊2ページ

多項式の2乗の形の式の展開のしかたを考えます。

> **問題❶** $(x+a)^2$ を展開しましょう。

$(x+a)^2$を$(x+a)(x+a)$として，乗法公式①を使って展開します。

$(x+a)(x+b)=x^2+(a+b)x+ab$

$$(x+a)^2=(x+a)(x+a)$$
$$=x^2+\left(\boxed{}^{❶}+\boxed{}^{❷}\right)x+\boxed{}^{❸}\times\boxed{}^{❹}$$

← 乗法公式①

和　　　　　　　積

$$=x^2+\boxed{}^{❺}x+\boxed{}^{❻}$$

← これが乗法公式②

乗法公式②を導くことができましたね。次は，$(x-a)^2$の展開を考えてみましょう。
乗法公式②のaに$-a$を代入すると，

$$(x-a)^2=x^2+2\times(-a)\times x+(-a)^2=x^2-2ax+a^2$$

← これが乗法公式③

乗法公式②
$$(x+a)^2=x^2+\boxed{2a}x+\boxed{a^2}$$
2倍　　2乗

乗法公式③
$$(x-a)^2=x^2-\boxed{2a}x+\boxed{a^2}$$
2倍　　2乗

> **問題❷** 次の式を展開しましょう。
> (1) $(x+4)^2$　　　　　　(2) $(x-6)^2$

(1) 乗法公式②に$a=4$をあてはめます。

$$(x+4)^2=x^2+2\times\boxed{}^{❼}\times x+\boxed{}^{❽2}\,{}^{❾}\boxed{}$$

> 公式②はxの項
> の符号が＋，
> 公式③はxの項
> の符号が－だよ。

(2) 乗法公式③に$a=6$をあてはめます。

$$(x-6)^2=x^2-2\times\boxed{}^{❿}\times x+\boxed{}^{⓫2}\,{}^{⓬}\boxed{}$$

← ここの符号は－

1 次の式を展開しましょう。

(1) $(x+3)^2$

(2) $(a+8)^2$

(3) $(y-5)^2$

(4) $(x-7)^2$

(5) $\left(a+\dfrac{1}{2}\right)^2$

(6) $(4-x)^2$

😊 **ミス注意** (5)分数を2乗するときは，分数にかっこをつけて2乗する。

もっとくわしく　平方の公式

2乗のことを平方（へいほう）といいます。

そこで，乗法公式②を和の平方の公式，乗法公式③を差の平方の公式

$$(x+a)^2=x^2+2ax+a^2 \qquad (x-a)^2=x^2-2ax+a^2$$

ということもあります。

また，この2つの公式をまとめて，$(x\pm a)^2=x^2\pm 2ax+a^2$と表すこともあります。

上の符号どうし，下の符号どうしがそれぞれ対応しています。

05 乗法公式④ $(x+a)(x-a)$ の展開は？

→ 答えは 別冊3ページ

問題 ① $(x+a)(x-a)$ を展開しましょう。

乗法公式①を使って展開します。

$$(x+a)(x-a)=x^2+\left\{\underset{和}{\boxed{}^{❶}+\left(\boxed{}^{❷}\right)}\right\}x+\underset{積}{\boxed{}^{❸}\times\left(\boxed{}^{❹}\right)}$$

← 乗法公式①
$(x+a)(x+b)$
$=x^2+(a+b)x+ab$

$$=x^2+0\times x\boxed{}^{❺}a^2$$

↑ 符号は？

和は,
$a+(-a)=0$
になって消えるよ。

$$=\boxed{}^{❻}$$

これが乗法公式④です。

与えられた式をよく見て，どの乗法公式が使えるか考えて計算しましょう。

乗法公式④ $\underset{和と差の積}{\underline{(x+a)(x-a)}}=\underset{2乗の差}{\underline{x^2-a^2}}$

問題 ② 次の式を展開しましょう。
(1) $(x+5)(x-5)$ (2) $(8+a)(8-a)$

(1) 乗法公式④に $a=5$ をあてはめます。

$$(x+5)(x-5)=\boxed{}^{❼2}-\boxed{}^{❽2}=\boxed{}^{❾}$$

(2) (数＋文字)(数－文字)の形でも計算のしかたは(1)と同じです。

$$(8+a)(8-a)=\boxed{}^{❿2}-\boxed{}^{⓫2}=\boxed{}^{⓬}$$

基本練習

1 次の式を展開しましょう。

(1) $(x+4)(x-4)$

(2) $(a+7)(a-7)$

(3) $(6+y)(6-y)$

(4) $(x-9)(x+9)$

(5) $\left(x+\dfrac{1}{3}\right)\left(x-\dfrac{1}{3}\right)$

(6) $\left(a+\dfrac{2}{5}\right)\left(a-\dfrac{2}{5}\right)$

ミス注意 $(x+a)(x-a)=x^2+a^2$ とする符号のミスに気をつけよう。

もっとくわしく　くふうした展開

$(x+2)(2-x)$ の展開のしかたを考えてみましょう。

- (多項式)×(多項式)の公式を使って展開すると，
  $(x+2)(2-x)=2x-x^2+4-2x=-x^2+4$
- ひとくふうして，乗法公式④を使って展開すると，

たし算は入れかえられる
$(x+2)(2-x)=(2+x)(2-x)=2^2-x^2=-x^2+4$
$(x+a)(x-a)$

ひき算の $(2-x)$ を入れかえて $(x-2)$ にすることはできないよ。符号も変わっちゃうからね！

06 乗法公式を使って

→ 答えは
別冊3ページ

式の中の同じ部分をひとまとまりとみて，乗法公式を使って展開しましょう。

問題① 次の式を展開しましょう。

(1) $(2x+3)(2x-5)$　　　　(2) $(3a-4b)^2$

---

(1) $2x$をひとまとまりとみて，展開します。

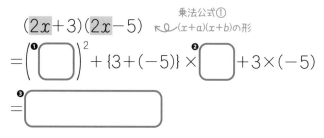

乗法公式①
$(x+a)(x+b)$の形

$$(2x+3)(2x-5)$$
$$=\left(\boxed{❶}\right)^2+\{3+(-5)\}\times\boxed{❷}+3\times(-5)$$
$$=\boxed{❸}$$

【乗法公式】

① $(x+a)(x+b)$
　$=x^2+(a+b)x+ab$
② $(x+a)^2=x^2+2ax+a^2$
③ $(x-a)^2=x^2-2ax+a^2$
④ $(x+a)(x-a)=x^2-a^2$

式の形をよくみて，
①から④のどの乗法公式が
使えるかを考えよう。

(2) $3a$，$4b$をひとまとまりとみて，展開します。

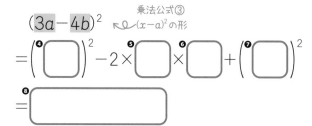

乗法公式③
$(x-a)^2$の形

$$(3a-4b)^2$$
$$=\left(\boxed{❹}\right)^2-2\times\boxed{❺}\times\boxed{❻}+\left(\boxed{❼}\right)^2$$
$$=\boxed{❽}$$

問題② $(x+1)^2-(x+2)(x-2)$

まず，乗法公式を使って展開し，同類項をまとめます。

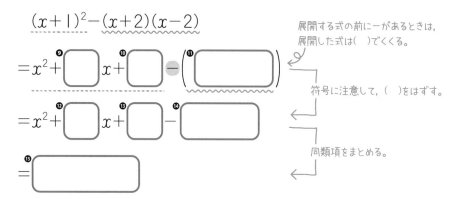

$$(x+1)^2-(x+2)(x-2)$$
$$=x^2+\boxed{❾}x+\boxed{❿}-\left(\boxed{⓫}\right)$$
$$=x^2+\boxed{⓬}x+\boxed{⓭}-\boxed{⓮}$$
$$=\boxed{⓯}$$

展開する式の前に－があるときは，
展開した式は（　）でくくる。

符号に注意して，（　）をはずす。

同類項をまとめる。

基本練習

1 次の計算をしましょう。

(1) $(3x-2)(3x+4)$

(2) $(5a+2b)^2$

(3) $(-x+7y)(-x-7y)$

(4) $(4a-b)(4a-5b)$

(5) $(x+3)(x-3)+(x+4)^2$

(6) $(x-5)^2-(x-3)(x-8)$

(7) $(a+b+1)(a+b-1)$

(8) $(x-y+2)^2$

(7)は $a+b$ を，(8)は $x-y$ をひとまとまりとみて，乗法公式を使って展開する。

07 因数分解とは？

→ 答えは
別冊3ページ

1つの数や式が，いくつかの数や式の積の形で表せるとき，そのかけ合わされている
ひとつひとつの数や式を，もとの数や式の<u>因数</u>といいます。

> 多項式をいくつかの式の積の形で表すことを，
> もとの多項式を<u>因数分解</u>するという。
> 展開と因数分解は，逆の方向に式を変形する
> ことである。

展開 →
$$a(b+c)=ab+ac$$
← 因数分解

問題 1 次の式を因数分解しましょう。

(1) $mx+my$　　(2) $6ab-9bc$　　(3) x^2y+xy^2-xy

因数分解では，まずはじめに多項式のそれぞれの項に共通な因数があるかどうか調べ
ます。そして，共通な因数があるときは，その因数をかっこの外にくくり出します。

「共通因数」ともいう。　　　　　　　　　　共通な因数をくくり出す。

(1) $mx+my=$ ❶$\boxed{}\times x+$ ❷$\boxed{}\times y=$ ❸$\boxed{}(x+y)$

共通な因数　　　共通な因数　　　共通な因数

(2) 数の部分の共通な因数は ❹$\boxed{}$ ，文字の部分の共通な因数は ❺$\boxed{}$ です。

6と9の最大公約数

$6ab-9bc=$ ❻$\boxed{}\times 2a-$ ❼$\boxed{}\times 3c$

$=$ ❽$\boxed{}(2a-3c)$

> $6ab-9bc=b(6a-9c)$,
> $6ab-9bc=3(2ab-3bc)$
> のように，（ ）の中に共通な
> 因数が残るとまちがいだよ。

(3) $x^2y+xy^2-xy=xy\times$ ❾$\boxed{}+xy\times$ ❿$\boxed{}-xy\times$ ⓫$\boxed{}$

$=xy($ ⓬$\boxed{})$

1 次の式を因数分解しましょう。

(1)　$ax+bx$

(2)　$8x-12y$

(3)　$ax+ay-az$

(4)　$15y^2-9y$

(5)　$2a^2-4ab+6a$

(6)　$20x^2y-15xy^2-35xy$

😊 🏫 数の部分の共通な因数は，それぞれの項の数の部分の最大公約数。

ふりかえり 🎁 中1　素因数分解を覚えてる？

整数をいくつかの整数のかけ算の形で表したとき，
その1つ1つの数をもとの数の因数（いんすう）といい，素数である因数を素因数（そいんすう）といいます。
そして，自然数を素因数のかけ算の形で表すことを，その数を素因数分解するといいます。

例　$30 = 2 \times 3 \times 5$
　　　　↑　↑　↑
　　　　30の素因数

〈素因数分解の手順〉

①わりきれる素数で
　順にわっていく。

$$\begin{array}{r} 2\,)\underline{30} \\ 3\,)\underline{15} \\ 5 \end{array}$$

②商が素数に
　なったらやめる。

③わった数と商を
　積の形で表す。　　$30 = 2 \times 3 \times 5$

08 公式を利用する因数分解①

→ 答えは 別冊3ページ

乗法公式①を，展開とは逆の ⟵ 方向に みると，因数分解になります。

これより，$x^2+(a+b)x+ab$ の因数分解の 公式は，次のようになります。

展開 →

$$(x+a)(x+b)=x^2+(a+b)x+ab$$

← 因数分解

因数分解の公式① $x^2+(a+b)x+ab=(x+a)(x+b)$

和 　 積

問題 ❶ 次の式を因数分解しましょう。

(1) x^2+6x+8 　　　 (2) x^2-5x+6

---

(1) x^2+6x+8 と因数分解の公式①を比べてみましょう。

たして6，かけて8となる2数の組を見つければいい ですね。まず，かけて8になる2数の組をさがすと， 右の表のように4組あります。

$x^2+ \ \ 6 \ \ x+8$
$x^2+(a+b)x+ab$

このうち，たして6になるものは，❶□ と ❷□

よって，$x^2+6x+8=(x+$ ❸□ $)(x+$ ❹□ $)$

かけて8	たして6
1と8	×
−1と−8	×
2と4	○
−2と−4	×

(2) まず，かけて ❺□ になる2数の組を見つけます。

このうち，たして−5になるものは，

❾□ と ❿□

よって，

$x^2-5x+6=(x$ ⓫□ $)(x$ ⓬□ $)$

かけて6	たして−5
1と6	×
−1と ❻□	×
2と ❼□	×
−2と ❽□	○

1 次の式を因数分解しましょう。

(1)　x^2+5x+4

(2)　$x^2-8x+15$

(3)　$x^2+3x-10$

(4)　$x^2-4x-21$

(5)　$x^2-7x+12$

(6)　$x^2-3x-18$

たして●になる数はたくさんあるので，かけて■になる数から先に求めるほうが効率的。

09 公式を利用する因数分解②

→ 答えは 別冊4ページ

因数分解の公式②，③，④は，それぞれ乗法公式②，③，④の左辺と右辺を入れかえたものになります。

因数分解の公式②，③，④

$$② \; x^2+2ax+a^2=(x+a)^2 \quad ③ \; x^2-2ax+a^2=(x-a)^2$$

$$④ \; x^2-a^2=(x+a)(x-a)$$

問題 1 次の式を因数分解しましょう。

(1) x^2+6x+9　(2) $x^2-8x+16$　(3) x^2-36

(1) 数の項の 9 は 3 の 2 乗で，x の係数の 6 は 3 の 2 倍になっています。

よって，因数分解の公式②を使って，

$$x^2+6x+9=x^2+2\times\boxed{}^{❶}\times x+\boxed{}^{❷2}=\left(x+\boxed{}^{❸}\right)^2$$

（3の2倍　3の2乗）

(2) 数の項の 16 は $\boxed{}^{❹}$ の 2 乗で，x の係数は負の数で，その絶対値の 8 は $\boxed{}^{❺}$ の 2 倍になっています。

よって，因数分解の公式③を使って，

$$x^2-8x+16=x^2-2\times\boxed{}^{❻}\times x+\boxed{}^{❼2}=\left(x-\boxed{}^{❽}\right)^2$$

(3) 数の項の 36 は $\boxed{}^{❾}$ の 2 乗で，x の項はありません。

よって，因数分解の公式④を使って，

$$x^2-36=x^2-\boxed{}^{❿2}=\left(x+\boxed{}^{⓫}\right)\left(x-\boxed{}^{⓬}\right)$$

x の項がないときは，公式④が使える場合が多いよ。

基本練習

1 次の式を因数分解しましょう。

(1) $x^2 + 10x + 25$

(2) $x^2 - 4x + 4$

(3) $x^2 - 9$

(4) $a^2 - 18a + 81$

(5) $49 - y^2$

(6) $9x^2 + 6x + 1$

(7) $x^2 + x + \dfrac{1}{4}$

(8) $a^2 - \dfrac{9}{16}$

 (6)$9x^2$は$3x$の2乗になっていることから，因数分解の公式②を利用する。

10 式を使って説明しよう

➡ 答えは
別冊4ページ

中2の文字式の復習をかねて，いろいろな整数を文字を使って表してみましょう。

> **問題①** m，n を整数として，いろいろな整数を表しましょう。

(1) 連続する3つの整数は，n，❶ [　　　]，❷ [　　　] と表せます。

(2) 偶数はmを使って，❸ [　　] ，奇数はnを使って，❹ [　　] ＋1と表せます。

(3) 3の倍数はmを使って，❺ [　　] ，5の倍数はnを使って，❻ [　　] と表せます。

↖ aの倍数は，
$a×$(整数)で表せる。

連続する3つの整数は，
$n-1$，n，$n+1$
と表すこともできるよ。

では，式を使って整数の性質を証明してみましょう。

> **問題②** 連続する2つの奇数で，大きいほうの奇数の2乗から小さいほうの奇数
> の2乗をひいた差は8の倍数になることを証明しましょう。

【証明】 nを整数とすると，小さいほうの奇数は ❼ [　　] ＋1，大きいほうの奇数は

❽ [　　　] と表せる。

$$(2n+3)^2-\left(\text{❾}\boxed{}\right)^2=4n^2+12n+9-\left(\text{❿}\boxed{}\right)$$

$$=\text{⓫}\boxed{}n+\text{⓬}\boxed{}$$

↖ 符号に注意して（ ）をはずし，
同類項をまとめる。

$$=\text{⓭}\boxed{}(n+1)$$

↖ 共通な因数をくくり出す。

$n+1$は整数だから，⓮ [　　] $(n+1)$は ⓯ [　　] の倍数である。

したがって，連続する2つの奇数で，大きいほうの奇数の2乗から小さいほう
の奇数の2乗をひいた差は8の倍数になる。

基本練習

1 連続する３つの整数で，まん中の数の２乗から１をひいた数は，残りの２つの数の積と等しくなります。証明の続きを書いて，証明を完成させましょう。

(証明)　n を整数とすると，連続する３つの整数は，n，$n+1$，$n+2$ と表せる。
まん中の数の２乗から１をひいた数は，

2 連続する２つの奇数の積に１たした数は，この２つの奇数の間にある偶数の２乗に等しくなります。証明の続きを書いて，証明を完成させましょう。

(証明)　n を整数とすると，連続する２つの奇数は，$2n+1$，$2n+3$ と表せる。
この２つの奇数の積に１たした数は，

 1 結論の「残りの２つの数の積」を式で表すと $n(n+2)$。これを導くように式を変形する。

11 式と計算の利用② 式を変形して計算しよう

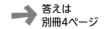

→ 答えは
別冊4ページ

乗法公式や因数分解の公式を利用すると，数の計算が簡単にできることがあります。

> **問題 1** 次の式を，くふうして計算しましょう。
> (1) 49^2　　　　　　(2) 53^2-47^2

(1) 49を2つの数の差の形で表して，乗法公式を利用して展開します。

$$49^2=\left(\boxed{①}-1\right)^2=\boxed{②}^2-2\times1\times\boxed{③}+1^2=\boxed{④}$$

(2) 式の形をよくみて，因数分解の公式を利用します。

$$53^2-47^2=\left(53+\boxed{⑤}\right)\times\left(53-\boxed{⑥}\right)=\boxed{⑦}\times6=\boxed{⑧}$$

乗法公式や因数分解の公式を利用して，式の値を求めてみましょう。

> **問題 2** (1) $x=75$のとき，$(x+2)(x+8)-(x+4)^2$の値を求めましょう。
> (2) $x=26$のとき，$x^2-12x+36$の値を求めましょう。

(1) $(x+2)(x+8)-(x+4)^2$
$=(x^2+10x+16)-(x^2+8x+16)$
$=x^2+10x+16-\boxed{⑨}$

$=\boxed{⑩}$ 　〜同類項をまとめる。

$=2\times\boxed{⑪}$ 　〜xの値を代入する。

$=\boxed{⑫}$

(2) $x^2-12x+36$

$=\left(x-\boxed{⑬}\right)^2$ 　〜因数分解する。

$=\left(\boxed{⑭}-6\right)^2$ 　〜xの値を代入する。

$=\boxed{⑮}^2$

$=\boxed{⑯}$

与えられた式に，そのままxの値を代入したら，計算がたいへん！

026

1 次の式を，くふうして計算しましょう。

(1)　103^2

(2)　104×96

(3)　$31^2 - 29^2$

(4)　$65^2 - 35^2$

2 次の問いに答えましょう。

(1)　$x = 25$ のとき，$(x-6)(x+9) - (x+7)(x-7)$ の値を求めましょう。

(2)　$x = 87$，$y = 78$ のとき，$x^2 - 2xy + y^2$ の値を求めましょう。

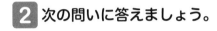 **2** (1)代入する式を展開し，同類項をまとめてかんたんにする。(2)代入する式を因数分解する。

→ 答えは別冊15ページ

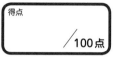

得点
／100点

1章 多項式の計算

1 次の計算をしましょう。

【各4点 計8点】

(1) $-3a(a-4b)$

(2) $(10x^2-30xy)\div 5x$

2 次の式を展開しましょう。

【各4点 計24点】

(1) $(x+1)(3x-2)$

(2) $(x-1)(x-8)$

(3) $(x+9)^2$

(4) $(x+3y)(x-3y)$

(5) $(a-5)(a+6)$

(6) $(a-7b)^2$

3 次の計算をしましょう。

【各5点 計20点】

(1) $(3a-1)(3a-2)$

(2) $(4x-5y)^2$

(3) $(x-3)^2+(x+4)(x-4)$

(4) $(x+2)(x+7)-(x+5)^2$

4 次の式を因数分解しましょう。 【各4点 計24点】

(1) $x^2y - xy^2 + xyz$

(2) $x^2 + 5x + 6$

(3) $x^2 + 8x + 16$

(4) $x^2 - 100$

(5) $x^2 - x - 56$

(6) $x^2 - 12x + 36$

5 次の問いに答えましょう。 【各6点 計12点】

(1) $x=15$ のとき，$(x-6)(x+8) - (x+7)(x-7)$ の値を求めましょう。

〔　　　　　　　〕

(2) $a=7.5$，$b=2.5$ のとき，$a^2 - b^2$ の値を求めましょう。

〔　　　　　　　〕

6 連続する2つの偶数の積に1たした数は，この2つの偶数の間にある奇数の2乗に等しくなります。このことを証明しましょう。 【12点】

（証明）

12 平方根 平方根とは？

→ 答えは 別冊4ページ

新しい数の登場です。まずどんな数なのかを理解していきましょう。

2乗するとaになる数をaの平方根という。
正の数aの平方根は，正の数と負の数の
2つあり，その絶対値は等しくなる。
0の平方根は0だけである。

問題 1 36の平方根を求めましょう。

「36の平方根」とは，「2乗すると36になる数」といいかえることができます。

$$\left(\boxed{ }^{\textbf{❶}} \right)^2 = 36, \quad \left(-\boxed{ }^{\textbf{❷}} \right)^2 = 36 \text{だから，}$$

36の平方根は $\boxed{ }^{\textbf{❸}}$ と $\boxed{ }^{\textbf{❹}}$ です。

2乗すると36になる数は，正の数と負の数の2つあるよ。

問題 2 7の平方根を求めましょう。

7の平方根は，「$\bullet^2 = 7$」の●にあてはまる数になります。しかし，2乗して7になるような数は，これまで学習してきた数では表せそうにありませんね。

7の平方根のうち，正のほうは，**根号**という記号 $\sqrt{}$ を使って，$\boxed{ }^{\textbf{❺}}$ と表します。

ルートと読む。

一方，負のほうは，$\sqrt{}$ の前に負の符号をつけて，$\boxed{ }^{\textbf{❻}}$ と表します。

マイナスルート7と読む。

一般に，正の数aの平方根は，

正のほうを $\boxed{ }^{\textbf{❼}}$ ，負のほうを $\boxed{ }^{\textbf{❽}}$

と表します。

また，これらをまとめて $\pm\sqrt{a}$ と書くこともできます。

プラスマイナスルートaと読む。

【平方根】

$$\left. \begin{array}{c} \sqrt{a} \\ -\sqrt{a} \end{array} \right\} \overset{\text{2乗（平方）}}{\underset{\text{平方根}}{\rightleftarrows}} a$$

1 次の数の平方根を求めましょう。

(1) 25

(2) $\dfrac{4}{9}$

(3) 0.09

(4) 5

2 次の数を $\sqrt{}$ を使わずに表しましょう。

(1) $\sqrt{16}$

(2) $-\sqrt{81}$

ポイント **2** $\sqrt{a}$ は a の平方根のうちの正のほう，$-\sqrt{a}$ は a の平方根のうちの負のほう。

もっとくわしく　正の数，0，負の数の平方根

正の数の平方根は 2 つありますね。
これは正の整数だけでなく，正の分数や小数についても同じです。
また，2 乗して 0 になる数は 0 だけなので，0 の平方根は 0 だけです。
では，負の数の平方根はどうなるでしょう？
正の数も負の数も 2 乗すると正の数になります。
よって，負の数の平方根はありません。

例 $\dfrac{1}{4}$ の平方根は？

$\left(\dfrac{1}{2}\right)^2=\dfrac{1}{4}$, $\left(-\dfrac{1}{2}\right)^2=\dfrac{1}{4}$

だから，$\dfrac{1}{2}$ と $-\dfrac{1}{2}$

例 0.36 の平方根は？

$0.6^2=0.36$, $(-0.6)^2=0.36$

だから，0.6 と -0.6

13 平方根の大小を比べよう

→ 答えは 別冊5ページ

平方根の大小の比べ方について考えてみましょう。

a, bが正の数のとき，

$a < b$　ならば　$\begin{cases} \sqrt{a} < \sqrt{b} \\ -\sqrt{a} > -\sqrt{b} \end{cases}$

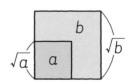

問題 ①　次の各組の数の大小を，不等号を使って表しましょう。
(1) $\sqrt{2}$, $\sqrt{3}$　　(2) $\sqrt{17}$, 4　　(3) $-\sqrt{7}$, -3

(1) 正の平方根は，$\sqrt{}$ の中の数が大きくなるほど大きくなります。

$\sqrt{}$ の中の数の大小関係は，$2 \boxed{}^{❶} 3$ だから，
不等号

$\sqrt{2} \boxed{}^{❷} \sqrt{3}$
不等号

正方形の面積と
1辺の長さとの関係で
比べると？

(2) 4 を $\sqrt{}$ を使って表すと，$4 = \sqrt{\boxed{}^{❸}}$　$4 = \sqrt{4^2}$

$17 \boxed{}^{❹} 16$ だから，$\sqrt{17} \boxed{}^{❺} \sqrt{16}$

したがって，$\sqrt{17} \boxed{}^{❻} 4$

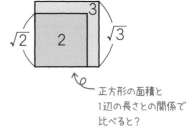

$\sqrt{}$ のついた数と $\sqrt{}$ の
つかない数の大小は，
$\sqrt{}$ のつかない数を $\sqrt{}$ の
ついた数で表して比べよう。

(3) まず，負の符号をとった $\sqrt{7}$ と 3 の大小を比べます。

$3 = \sqrt{\boxed{}^{❼}}$ で，$7 \boxed{}^{❽} 9$ だから，$\sqrt{7} \boxed{}^{❾} \sqrt{9}$

負の数では，絶対値が大きいほど小さくなるから，$-\sqrt{7} \boxed{}^{❿} -\sqrt{9}$

したがって，$-\sqrt{7} \boxed{}^{⓫} -3$

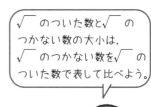

基本練習

1 次の各組の数の大小を，不等号を使って表しましょう。

(1) $\sqrt{5}$, $\sqrt{7}$

(2) $-\sqrt{19}$, $-\sqrt{21}$

(3) $\sqrt{50}$, 7

(4) -5, $-\sqrt{23}$

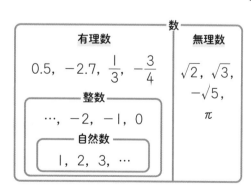

ミス注意 $-\sqrt{a}$と$-\sqrt{b}$の大小は，$a < b$ならば$-\sqrt{a} > -\sqrt{b}$と不等号の向きが変わる。

もっとくわしく 数の分類

整数aと0でない整数bを使って，$\dfrac{a}{b}$の形で表される数を<u>有理数</u>といいます。整数や小数は分数で表すことができるので有理数です
では，$\sqrt{2}$ はどうでしょうか？
$\sqrt{2}$ を小数で表すと，1.414213…とどこまでも続く小数になり，$\sqrt{2}$ は分数で表すことはできません。このように分数で表すことができない数を<u>無理数</u>といいます。
$\sqrt{3}$，$-\sqrt{5}$，円周率のπなども無理数です。

有理数	無理数
0.5, -2.7, $\dfrac{1}{3}$, $-\dfrac{3}{4}$	$\sqrt{2}$, $\sqrt{3}$, $-\sqrt{5}$, π

整数
$\cdots$, -2, -1, 0

自然数
1, 2, 3, $\cdots$

14 真の値と近似値
測定した値を考えよう

→ 答えは 別冊5ページ

定規ではかった長さや，温度計ではかった温度など，測定して得られた値は，どんなに精密にはかっても真の値をよみとっているとは限りません。このように測定などで得られた真の値に近い値を**近似値**といいます。

問題 ① ある数 a の小数第2位を四捨五入した近似値が2.7であるとき，□ にあてはまる数を書きましょう。

小数第2位を四捨五入して2.7になる値のうち，最も小さい値は2.❶□ です。

<u>1つ下の位の数字に着目</u>

2.75の小数第2位を四捨五入した値は，❷□ です。

よって，a の値の範囲は，❸□ ≦ a < ❹□

近似値から真の値をひいた差を**誤差**といいます。

右の図より，誤差の絶対値は ❺□ 以下であると

いえます。

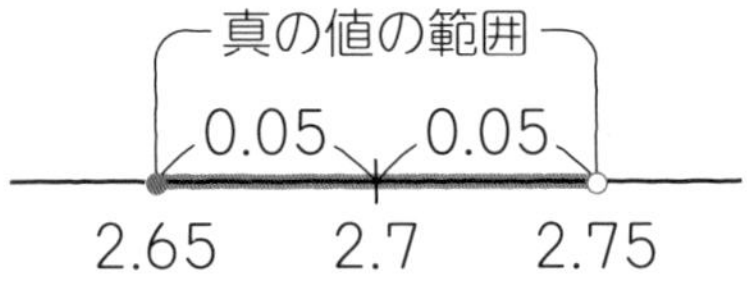

┌─ 真の値の範囲 ─┐
0.05 ╲ 0.05
2.65　2.7　2.75

近似値を表す数のうち，信頼できる数字を**有効数字**といい，その数字の個数を，有効数字のけた数といいます。

問題 ② 地球の赤道の直径を有効数字3けたで表した近似値は12800kmです。この近似値を，整数部分が1けたの小数と，10の累乗との積の形で表しましょう。

有効数字は，❻□ ，❼□ ，❽□ です。

一の位と十の位の「0」は位取りを表すための数で有効数字ではありません。

したがって，近似値は，❾□ × ❿□ kmと表せます。

整数部分が1けたの小数　　10の累乗

> 有効数字をはっきりさせるために，整数部分が1けたの小数で表すんだよ。

基本練習

1 ある数 a の小数第3位を四捨五入した近似値が 1.83 であるとき，次の問いに答えましょう。

(1) a の値の範囲を求めましょう。

(2) 誤差の絶対値はいくつ以下と考えられますか。

2 次の近似値の有効数字が（ ）の中のけた数のとき，その近似値を，整数部分が1けたの小数と，10の累乗との積の形で表しましょう。

(1) 3850 m （3けた）

(2) 427000 g （4けた）

1章

2章 平方根

3章

4章

5章

6章

7章

8章

😊 **ミス注意** **2**(2)有効数字を4，2，7の3つとするミスが多い。0も有効数字にふくまれることに注意。

💡もっとくわしく　いろいろな小数

$\dfrac{1}{8}$ を小数で表すと，わり切れて 0.125 となります。

このように，ある位で終わる小数を<u>有限小数</u>（ゆうげん）といいます。

これに対して，$\sqrt{2}=1.414213\cdots$ のように，限りなく続く小数を<u>無限小数</u>（むげん）といいます。

$\dfrac{4}{11}$ を小数で表すと，0.363636…とわり切れませんが，ある位以下の数字が決まった順序でくり返されます。このような小数を<u>循環小数</u>（じゅんかん）といいます。

循環小数 0.363636… は 0.3̇6̇ と表すことができます。

これより，数は右のように分類することができます。

$$\text{数}\begin{cases}\text{有理数}\cdots\cdots\cdots\cdots\begin{cases}\text{有限小数}\\[4pt]\text{循環小数}\end{cases}\Bigg\}\text{無限小数}\\[14pt]\text{無理数}\cdots\cdots\text{循環しない無限小数}\end{cases}$$

15

$\sqrt{}$ がついた数のかけ算とわり算 → 答えは 別冊5ページ

a, b が正の数のとき, $\sqrt{a} \times \sqrt{b} = \sqrt{a \times b}$ $\sqrt{a} \div \sqrt{b} = \sqrt{\dfrac{a}{b}}$

まず, $\sqrt{}$ がついた数のかけ算をしてみましょう。

問題 ①   (1) $\sqrt{3} \times \sqrt{5}$ (2) $\sqrt{2} \times (-\sqrt{8})$

$\sqrt{}$ がついた数のかけ算は, $\sqrt{}$ の中の数どうしをかけて, その積に $\sqrt{}$ をつけます。

(1) $\sqrt{3} \times \sqrt{5} = \sqrt{\boxed{}^{❶} \times \boxed{}^{❷}} = \sqrt{\boxed{}^{❸}}$

(2) 負の数が混じったかけ算では, はじめに積の符号を決めます。

$\sqrt{2} \times (-\sqrt{8}) = \bullet \sqrt{\boxed{}^{❹} \times \boxed{}^{❺}} = -\sqrt{\boxed{}^{❻}} = \boxed{}^{❼}$ $\sqrt{}$ をはずした数 に直して答える。

次は, $\sqrt{}$ がついた数のわり算をしてみましょう。

問題 ②   (1) $\sqrt{30} \div \sqrt{6}$ (2) $(-\sqrt{27}) \div \sqrt{3}$

$\sqrt{}$ のついた数のわり算は, 商を分数で表し, 分数全体に $\sqrt{}$ をつけます。

(1) $\sqrt{30} \div \sqrt{6} = \dfrac{\sqrt{30}}{\sqrt{6}}$

$= \sqrt{\dfrac{\boxed{}^{❽}}{\boxed{}^{❾}}} = \sqrt{\boxed{}^{❿}}$

$\sqrt{}$ の中の数を約分する。

(2) $(-\sqrt{27}) \div \sqrt{3} = \bullet \dfrac{\sqrt{27}}{\sqrt{3}}$

$= -\sqrt{\dfrac{\boxed{}^{⓫}}{\boxed{}^{⓬}}} = -\sqrt{\boxed{}^{⓭}}$

$= \boxed{}^{⓮}$

$\sqrt{}$ をはずした数 に直して答える。

基本練習

1 次の計算をしましょう。

(1) $\sqrt{2} \times \sqrt{7}$

(2) $\sqrt{5} \times \sqrt{11}$

(3) $\sqrt{18} \times \sqrt{2}$

(4) $\sqrt{3} \times (-\sqrt{27})$

(5) $\sqrt{14} \div \sqrt{2}$

(6) $\sqrt{42} \div (-\sqrt{7})$

(7) $\sqrt{75} \div \sqrt{3}$

(8) $\sqrt{54} \div \sqrt{6}$

😊 ポイント $\sqrt{}$ の中の数どうしの積や商を求め，その積や商に $\sqrt{}$ をつける。

よくある✗まちがい 答えはできるだけシンプルに！

問題**1**(2)で，答えを $-\sqrt{16}$ としてはいけません。
このように，$\sqrt{}$ の中の数がある数の 2 乗になっているときは，
$\sqrt{}$ をはずして，-4 と答えます。

また，問題**2**(1)で，答えを $\sqrt{\dfrac{30}{6}}$ としてはいけません。

$\sqrt{}$ の中の分数が約分できるときは，必ず約分して $\sqrt{5}$ と答えます。

積や商を求めたら，
「$\sqrt{}$ がはずせないか，
約分できないか」
確認しよう。

16 √ がついた数の変形

根号がついた数の変形

→ 答えは
別冊5ページ

√ の外にある数を √ の中に入れるには，どうすればよいか考えてみましょう。

> **問題 1** $3\sqrt{2}$ を，$\sqrt{■}$ の形に変形しましょう。

√ の外の数を2乗すると，√ の中に入れることができます。

$$3\sqrt{2} = \sqrt{\boxed{①}^2} \times \sqrt{2} = \sqrt{\boxed{②} \times \boxed{③}} = \sqrt{\boxed{④}}$$

2乗して √ のついた数にする。

$\sqrt{a} \times \sqrt{b} = \sqrt{a \times b}$

√ の外の数を中へ
$a\sqrt{b} = \sqrt{a^2 b}$

次は，√ の中の数をできるだけ小さな自然数にする変形です。

> **問題 2** 次の数を，$●\sqrt{■}$ の形に変形しましょう。
>
> (1) $\sqrt{45}$ (2) $\sqrt{\dfrac{6}{25}}$

√ の中の数を，$●^2 \times ■$ の形に直すと，$●^2$ の部分を √ の外に出すことができます。

(1) $\sqrt{45} = \sqrt{\boxed{⑤}^2 \times 5} = \sqrt{\boxed{⑥}^2} \times \sqrt{5} = \boxed{⑦}\sqrt{\boxed{⑧}}$

$●^2 \times ■$ の形にする。

√ をとって，自然数に直す。

√ の中の数を外へ
$\sqrt{a^2 b} = a\sqrt{b}$

(2) $\sqrt{\dfrac{6}{25}} = \dfrac{\sqrt{6}}{\sqrt{25}} = \dfrac{\sqrt{6}}{\sqrt{\boxed{⑨}^2}} = \dfrac{\sqrt{6}}{\boxed{⑩}}$

> **問題 3** $\sqrt{12} \times \sqrt{18}$ を計算しましょう。

はじめに，√ がついた数を $●\sqrt{■}$ の形に直して計算します。

$\sqrt{12} = \sqrt{2^2 \times 3}$

$\sqrt{18} = \sqrt{3^2 \times 2}$

$$\sqrt{12} \times \sqrt{18} = 2\sqrt{3} \times \boxed{⑪} = 2 \times \boxed{⑫} \times \sqrt{3} \times \sqrt{\boxed{⑬}} = \boxed{⑭}$$

基本練習

1 次の数を，$\sqrt{\blacksquare}$ の形に変形しましょう。

(1) $2\sqrt{7}$

(2) $6\sqrt{5}$

(3) $\dfrac{\sqrt{12}}{2}$

(4) $\dfrac{\sqrt{63}}{3}$

2 次の数を，$\bullet\sqrt{\blacksquare}$ の形に変形しましょう。

(1) $\sqrt{8}$

(2) $\sqrt{75}$

(3) $\sqrt{\dfrac{3}{16}}$

(4) $\sqrt{\dfrac{7}{81}}$

3 次の計算をしましょう。

(1) $\sqrt{8} \times \sqrt{20}$

(2) $\sqrt{24} \times \sqrt{27}$

😊 ポイ **3** 式を見て，$\bullet\sqrt{\blacksquare}$ の形に直して計算できないか考えよう。

17 分母に√ がある数の変形

→ 答えは 別冊6ページ

分母に√ がある数を，分母に√ をふくまない形に変形する方法について考えてみましょう。

分母に√ がある数は，分母と分子に同じ数をかけて，分母に√ がない形で表すことができる。
これを分母を有理化するという。

$$\frac{a}{\sqrt{b}} = \frac{a \times \sqrt{b}}{\sqrt{b} \times \sqrt{b}} = \frac{a\sqrt{b}}{b}$$

問題 1 次の数の分母を有理化しましょう。

(1) $\dfrac{\sqrt{2}}{\sqrt{3}}$ 　　　　　(2) $\dfrac{6}{\sqrt{18}}$

分数の分母と分子に同じ数をかけても大きさは変わらないことを利用します。

(1) 分母の√3 を整数にするために，分母と分子に ❶□ をかけます。

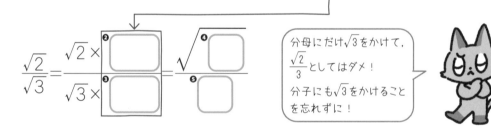

$$\frac{\sqrt{2}}{\sqrt{3}} = \frac{\sqrt{2} \times \boxed{\ ❷\ }}{\sqrt{3} \times \boxed{\ ❸\ }} = \frac{\sqrt{❹}}{❺}$$

分母にだけ√3 をかけて，
$\dfrac{\sqrt{2}}{3}$ としてはダメ！
分子にも√3 をかけることを忘れずに！

(2) 分母と分子に√18 をかけてもよいですが，ちょっとひとくふうしましょう。
まず，√18 を ●√■ の形に変形します。

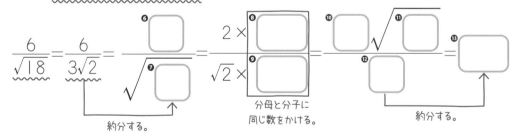

約分する。　　　　　分母と分子に同じ数をかける。　　　　約分する。

このように，√18 を 3√2 に直すと，はじめに約分できるので，分母と分子に√18 をかけて分母を有理化するよりも計算が簡単になります。

基 本 練 習

平方根

1 次の数の分母を有理化しましょう。

(1) $\dfrac{\sqrt{3}}{\sqrt{5}}$

(2) $\dfrac{14}{\sqrt{7}}$

(3) $\dfrac{4}{\sqrt{8}}$

(4) $\dfrac{10}{3\sqrt{5}}$

(5) $\dfrac{3\sqrt{2}}{\sqrt{6}}$

(6) $\dfrac{15}{\sqrt{12}}$

2 $\sqrt{3}=1.732$ として，$\dfrac{6}{\sqrt{3}}$ の値を求めましょう。

 **2** $\dfrac{6}{\sqrt{3}}$ の分母を有理化してから計算する。

18 √がついた数のたし算とひき算

→ 答えは 別冊6ページ

$7\sqrt{3}$ と $2\sqrt{3}$ のように，$\sqrt{}$ の部分が同じ数は，たしたりひいたりして，ひとつの数にまとめることができます。

和 $m\sqrt{a}+n\sqrt{a}=(m+n)\sqrt{a}$

差 $m\sqrt{a}-n\sqrt{a}=(m-n)\sqrt{a}$

問題 ①　(1) $7\sqrt{3}+2\sqrt{3}$　　　　(2) $7\sqrt{3}-2\sqrt{3}$

(1) $\sqrt{3}$ を文字 a とみて，$7a+2a$ と同じように計算できます。

$$7a+2a\quad=(\quad7\quad+\quad2\quad)a=\quad9a$$

$$7\sqrt{3}+2\sqrt{3}=\left(\overset{❶}{\boxed{}}+\overset{❷}{\boxed{}}\right)\sqrt{3}=\overset{❸}{\boxed{}}$$

同類項をまとめる計算と同じように計算するんだね。

(2) $7a-2a$ と同じように計算できます。

$$7\sqrt{3}-2\sqrt{3}=\left(\overset{❹}{\boxed{}}-\overset{❺}{\boxed{}}\right)\sqrt{3}=\overset{❻}{\boxed{}}$$

次は，たし算とひき算の混じった平方根の計算です。

問題 ②　$5\sqrt{2}-7\sqrt{5}-2\sqrt{2}+3\sqrt{5}$

$\sqrt{2}$ を a，$\sqrt{5}$ を b とみて，$5a-7b-2a+3b$ と同じように計算します。

$$\underset{\sim\sim\sim\sim}{5\sqrt{2}}-7\sqrt{5}-2\sqrt{2}+3\sqrt{5}$$

$$=\underset{\sim\sim\sim\sim}{5\sqrt{2}}-2\sqrt{2}-7\sqrt{5}+3\sqrt{5}$$

$$=\left(\overset{❼}{\boxed{}}-\overset{❽}{\boxed{}}\right)\sqrt{2}+\left(\overset{❾}{\boxed{}}+\overset{❿}{\boxed{}}\right)\sqrt{5}$$

$$=\overset{⓫}{\boxed{}}\sqrt{2}-\overset{⓬}{\boxed{}}\sqrt{5}$$

$\sqrt{}$ の部分が同じ数どうしを集める。

$m\sqrt{a}+n\sqrt{a}=(m+n)\sqrt{a}$
$m\sqrt{a}-n\sqrt{a}=(m-n)\sqrt{a}$

基本練習

1 次の計算をしましょう。

(1) $3\sqrt{2}+4\sqrt{2}$

(2) $2\sqrt{7}-5\sqrt{7}$

(3) $8\sqrt{5}-\sqrt{5}-4\sqrt{5}$

(4) $5\sqrt{2}-3\sqrt{3}+\sqrt{2}+2\sqrt{3}$

(5) $\sqrt{18}+\sqrt{2}$

(6) $\sqrt{5}-\sqrt{20}$

(7) $\sqrt{6}+\dfrac{12}{\sqrt{6}}$

(8) $\dfrac{9}{\sqrt{3}}-\sqrt{12}$

(5)は$\sqrt{18}$，(6)は$\sqrt{20}$を，$a\sqrt{b}$の形に変形する。(7)(8)分母を有理化する。

よくある✕まちがい $\sqrt{a}+\sqrt{b}$ は $\sqrt{a+b}$ ではない！

平方根のかけ算とたし算の計算のしかたのちがいに注意しましょう。
平方根のたし算では，かけ算のように，$\sqrt{}$ の中の数どうしを計算することはできません。

たとえば，$\sqrt{9}+\sqrt{16}$ と $\sqrt{9+16}$ の答えを比べてみましょう。

$\sqrt{9}+\sqrt{16}=3+4=7$ ⬅ 同じにならない。
$\sqrt{9+16}=\sqrt{25}=5$ ⬅

明らかに，$\sqrt{9}+\sqrt{16}$ と $\sqrt{9+16}$ はちがうことがわかりますね。

19 いろいろな計算

分配法則と乗法公式の利用

➡ 答えは
別冊6ページ

$\sqrt{\ }$ をふくむ計算では，$\sqrt{\ }$ の部分を文字とみて，分配法則や乗法公式を利用して計算することができます。まず，分配法則を使って，（　）をはずしてみましょう。

問題 ❶　$\sqrt{3}(\sqrt{3}+5)$

$\sqrt{3}$ を a とみて，$a(a+5)$ と同じように計算します。

【分配法則】

$a(b+c)=ab+ac$

$$\sqrt{3}(\sqrt{3}+5)=\boxed{}^{❶}\times\sqrt{3}+\boxed{}^{❷}\times5$$

$$=\boxed{}^{❸}$$

問題 ❷
(1)　$(\sqrt{2}+2)(\sqrt{2}+4)$　　　(2)　$(\sqrt{6}+1)^2$

(3)　$(\sqrt{5}+3)(\sqrt{5}-3)$

(1)　$\sqrt{2}$ を x，2を a，4を b とみて，$(x+a)(x+b)$ の展開を利用します。

$$(\sqrt{2}+2)(\sqrt{2}+4)$$

$$=\left(\boxed{}^{❹}\right)^2+(2+4)\times\boxed{}^{❺}+2\times4$$

$$=\boxed{}^{❻}+\boxed{}^{❼}\sqrt{2}+8$$

$$=\boxed{}^{❽}$$

【乗法公式】
① $(x+a)(x+b)$
　　$=x^2+(a+b)x+ab$
② $(x+a)^2=x^2+2ax+a^2$
③ $(x-a)^2=x^2-2ax+a^2$
④ $(x+a)(x-a)=x^2-a^2$

(2)　$\sqrt{6}$ を x，1を a とみて，$(x+a)^2$ の展開を利用します。

$$(\sqrt{6}+1)^2=\left(\boxed{}^{❾}\right)^2+2\times1\times\boxed{}^{❿}+1^2=\boxed{}^{⓫}$$

(3)　$\sqrt{5}$ を x，3を a とみて，$(x+a)(x-a)$ の展開を利用します。

$$(\sqrt{5}+3)(\sqrt{5}-3)=\left(\boxed{}^{⓬}\right)^2-\boxed{}^{⓭}{}^2=\boxed{}^{⓮}-\boxed{}^{⓯}=\boxed{}^{⓰}$$

1 次の計算をしましょう。

(1) $\sqrt{2}(\sqrt{2}-3)$

(2) $\sqrt{3}(\sqrt{6}+\sqrt{2})$

(3) $(\sqrt{5}+2)^2$

(4) $(\sqrt{2}+5)(\sqrt{2}-1)$

(5) $(\sqrt{7}+4)(\sqrt{7}-4)$

(6) $(3-\sqrt{6})^2$

(7) $(\sqrt{2}-\sqrt{3})^2$

(8) $(\sqrt{3}-2)(\sqrt{3}-3)$

(9) $(3\sqrt{2}+1)^2$

(10) $(\sqrt{8}+\sqrt{3})(2\sqrt{2}-\sqrt{3})$

 (10)$\sqrt{8}$を$a\sqrt{b}$の形で表すと，乗法公式が利用できる。

→ 答えは別冊16ページ

得点

/100点

②章 平方根

1 次の数の平方根を求めましょう。 【各3点 計9点】

(1) 64

(2) $\dfrac{9}{25}$

(3) 13

〔　　　　　　　　〕　　　〔　　　　　　　　〕　　　〔　　　　　　　　〕

2 次の数を$\sqrt{}$を使わずに表しましょう。 【各3点 計9点】

(1) $\sqrt{49}$

(2) $-\sqrt{100}$

(3) $\sqrt{(-4)^2}$

〔　　　　　　　　〕　　　〔　　　　　　　　〕　　　〔　　　　　　　　〕

3 次の各組の数の大小を，不等号を使って表しましょう。 【各5点 計10点】

(1) 5, $\sqrt{29}$

(2) -6, $-\sqrt{37}$

〔　　　　　　　　〕　　　　　　〔　　　　　　　　〕

4 次の問いに答えましょう。 【各5点 計10点】

(1) ある数aの小数第2位を四捨五入した近似値が3.6であるとき，aの値の範囲を求めましょう。

〔　　　　　　　　〕

(2) 近似値5370000kmの有効数字が4けたのとき，この近似値を，整数部分が1けたの小数と，10の累乗との積の形で表しましょう。

〔　　　　　　　　〕

5 次の数の分母を有理化しましょう。 【各3点 計9点】

(1) $\dfrac{20}{\sqrt{5}}$　　　　　(2) $\dfrac{2\sqrt{3}}{\sqrt{6}}$　　　　　(3) $\dfrac{4}{3\sqrt{2}}$

〔　　　　〕　　　　〔　　　　〕　　　　〔　　　　〕

6 次の計算をしましょう。 【各4点 計32点】

(1) $\sqrt{5} \times \sqrt{15}$　　　　　(2) $\sqrt{28} \div \sqrt{7}$

(3) $5\sqrt{3} + 4\sqrt{3}$　　　　　(4) $\sqrt{2} - \sqrt{32}$

(5) $2\sqrt{3} - \sqrt{2} - 2\sqrt{2} - 3\sqrt{3}$　　　　　(6) $\sqrt{6} - 4\sqrt{6} + \sqrt{24}$

(7) $\sqrt{8} + \dfrac{6}{\sqrt{2}}$　　　　　(8) $\sqrt{3} - \dfrac{9}{2\sqrt{3}}$

7 次の計算をしましょう。 【各4点 計16点】

(1) $-\sqrt{2}(\sqrt{2} - \sqrt{6})$　　　　　(2) $(\sqrt{6} + 5)(\sqrt{6} - 5)$

(3) $(\sqrt{5} - \sqrt{2})^2$　　　　　(4) $(\sqrt{3} + 2)(\sqrt{3} - 4)$

8 $x = \sqrt{2} + \sqrt{3}$, $y = \sqrt{2} - \sqrt{3}$ のとき，$x^2 - y^2$ の値を求めましょう。 【5点】

〔　　　　〕

20 2次方程式とは？

2次方程式

➡ 答えは
別冊6ページ

移項して整理することによって，（1次式）＝0の形に変形できる方程式を1次方程式といいましたね。中3では，（2次式）＝0の形に変形できる方程式を学習しましょう。

> 移項して整理することで，（2次式）＝0の形に変形できる方程式を2次方程式という。
>
> 2次方程式を成り立たせるような文字の値を，方程式の解といい，解をすべて求めることを方程式を解くという。
>
> 一般に，2次方程式は，$ax^2+bx+c=0$ $(a\neq0)$と表すことができる。

問題❶ 1，2，3，4のうち，方程式$x^2-6x+8=0$の解はどれですか。

方程式の解は（左辺）＝（右辺）を成り立たせる文字の値です。

そこで，$x^2-6x+8=0$の左辺にそれぞれの数を代入して，左辺の値が0になるものを選びます。

1を代入すると，（左辺）＝$1^2-6\times1+8=1-6+8=$❶□

2を代入すると，（左辺）＝❷□$^2-6\times$❸□$+8=$❹□

3を代入すると，（左辺）＝❺□$^2-6\times$❻□$+8=$❼□

4を代入すると，（左辺）＝❽□$^2-6\times$❾□$+8=$❿□

これより，左辺が0になるxの値は，$x=$⓫□，$x=$⓬□です。

すなわち，方程式$x^2-6x+8=0$の解は，$x=$⓭□，$x=$⓮□です。

1次方程式の解は1個ですが，以上のように，一般に，2次方程式の解は⓯□個あります。

048

基本練習

1 次の方程式のうち，xの2次方程式はどれですか。記号で答えましょう。

　⑦　$x^2=3$　　　　⑦　$x^2+3x=x^2-3$　　　　⑦　$5x=3-2x^2$

2 -2，-1，0，1，2のうち，方程式$x^2+x-2=0$の解はどれですか。

😊 ポイント **1** 移項して整理して，$(x$の式$)=0$の形に変形してから判定する。

ふりかえり 🔔中1　式の次数の数え方

● 単項式の次数は，かけ合わされている文字の個数です。

　例　$5xy=5×x×y$ →次数は2
　　　　　　　　　　　文字が2個

● 多項式の次数は，式の中の項の次数のうち，いちばん大きいものです。

　例　$2a+a^2b+3ab=2×a+a×a×b+3×a×b$ →次数は3
　　　　　　　　　　　次数は1　次数は3　次数は2
　　　　　　　　　　　　　↑この項の次数がいちばん大きい。

次数が1の式を **1次式**，次数が2の式を **2次式**，次数が3の式を **3次式**，……といいます。

21 平方根の考え方で解こう

2次方程式の解き方①

→ 答えは 別冊7ページ

「ある数xを2乗するとaになる」ことを方程式で表すと，$x^2=a$となります。この方程式を成り立たせるxの値は，aの平方根になりますね。

この平方根の考え方を使って，方程式を解いてみましょう。

平方根の考え方を使った解き方

移項する。 両辺をaでわる。 平方根を求める。

$$ax^2-b=0 \longrightarrow ax^2=b \longrightarrow x^2=\frac{b}{a} \longrightarrow x=\pm\sqrt{\frac{b}{a}}$$

問題① 次の方程式を解きましょう。

(1) $2x^2-18=0$　　　　(2) $(x+1)^2=3$

(1) -18を移項すると，　　　　　　$2x^2=18$　　← 移項すると，符号が変わる。

両辺を2でわって，$x^2=■$の形にすると，$x^2=$ ①□　← 1次方程式と同じように，$=$でそろえて書く。

②□ の平方根を求めると，　　　$x=\pm$ ③□　← 正の数の平方根は2つある。

この「$\pm$」を書き忘れないように！

(2) $(x+●)^2=■$の形の方程式は，$x+●$の部分をひとまとまりとみます。

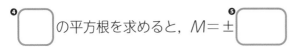

$(x+1)^2=3$

$x+1$をひとまとまりとみる。

$x+1$をMとすると，　　　$M^2=3$

④□ の平方根を求めると，$M=\pm$ ⑤□

Mをもとにもどすと，　$x+1=\pm$ ⑥□

$+1$を移項すると，　　　$x=$ ⑦□ $\pm$ ⑧□

「方程式を解きなさい」といわれたら，その方程式を成り立たせる文字の値をすべて求めよう。

基本練習

1 次の方程式を解きましょう。

(1) $x^2 - 5 = 0$

(2) $3x^2 = 48$

(3) $2x^2 - 50 = 0$

(4) $4x^2 = 32$

(5) $9x^2 - 5 = 0$

(6) $x^2 = \dfrac{1}{2}$

(7) $(x - 3)^2 = 2$

(8) $(x + 2)^2 = 9$

😊 ミス注意 (4)答えの $\sqrt{}$ の中の数は，できるだけ小さな自然数に直して答える。

もっとくわしく　解が $\sqrt{}$ のついた数のとき

● 解が，$\sqrt{}$ のついた数になったときは，$\sqrt{}$ の中の数をできるだけ小さな自然数に直して答えましょう。

例　$x^2 = 20$，$x = \pm\sqrt{20}$，$x = \pm 2\sqrt{5}$

● 解が，分母に $\sqrt{}$ をふくむ数になったときは，分母を有理化して答えましょう。

例　$x^2 = \dfrac{4}{3}$，$x = \pm\sqrt{\dfrac{4}{3}}$，$x = \pm\dfrac{2}{\sqrt{3}}$，$x = \pm\dfrac{2\sqrt{3}}{3}$

22 2次方程式の解き方②
2次方程式の解の公式とは？

→ 答えは 別冊7ページ

$ax^2+bx+c=0$ の形の方程式の解き方を考えてみましょう。平方根の考えで解くことはできませんね。こんなときは，2次方程式の解の公式の出番です。

2次方程式の解の公式

2次方程式 $ax^2+bx+c=0$ の解は，$x=\dfrac{-b\pm\sqrt{b^2-4ac}}{2a}$

問題 1 方程式 $5x^2+9x+3=0$ を解きましょう。

解の公式に，$a=\boxed{}^{①}$，$b=\boxed{}^{②}$，$c=\boxed{}^{③}$ をあてはめて計算します。

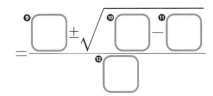

$$x=\frac{-\boxed{}^{④}\pm\sqrt{\boxed{}^{⑤}{}^2-4\times\boxed{}^{⑥}\times\boxed{}^{⑦}}}{2\times\boxed{}^{⑧}}$$

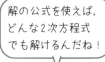

$x=\dfrac{-b\pm\sqrt{b^2-4ac}}{2a}$

$$=\frac{\boxed{}^{⑨}\pm\sqrt{\boxed{}^{⑩}-\boxed{}^{⑪}}}{\boxed{}^{⑫}}$$

解の公式を使えば，どんな2次方程式でも解けるんだね！

$$=\frac{\boxed{}^{⑬}\pm\sqrt{\boxed{}^{⑭}}}{\boxed{}^{⑮}}$$

このように，解の公式を利用すればどんな2次方程式も解くことができます。ただし，その計算の過程はかなり複雑で，計算ミスもしやすくなるので気をつけましょう。

また解の公式は丸暗記するだけではなく，53ページの **もっと くわしく** で説明しているように，導き方も理解しておきましょう。

基本練習

1 次の方程式を解きましょう。

(1) $x^2+5x+3=0$

(2) $x^2+2x-1=0$

(3) $2x^2+3x-1=0$

(4) $3x^2-6x+2=0$

(2)(4)方程式$ax^2+bx+c=0$でbが偶数のとき，解の公式の計算の最後で必ず約分できる。

もっとくわしく 解の公式を導く方法

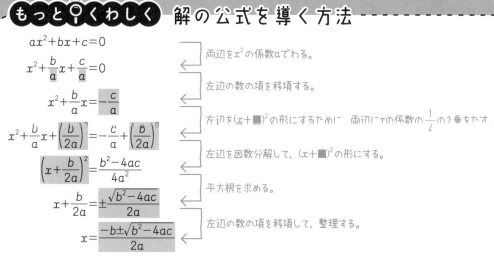

$$ax^2+bx+c=0$$

両辺をx^2の係数aでわる。

$$x^2+\frac{b}{a}x+\frac{c}{a}=0$$

左辺の数の項を移項する。

$$x^2+\frac{b}{a}x=-\frac{c}{a}$$

左辺を$(x+■)^2$の形にするために，両辺にxの係数の$\frac{1}{2}$の2乗をたす。

$$x^2+\frac{b}{a}x+\left(\frac{b}{2a}\right)^2=-\frac{c}{a}+\left(\frac{b}{2a}\right)^2$$

左辺を因数分解して，$(x+■)^2$の形にする。

$$\left(x+\frac{b}{2a}\right)^2=\frac{b^2-4ac}{4a^2}$$

平方根を求める。

$$x+\frac{b}{2a}=\pm\frac{\sqrt{b^2-4ac}}{2a}$$

左辺の数の項を移項して，整理する。

$$x=\frac{-b\pm\sqrt{b^2-4ac}}{2a}$$

23 2次方程式の解き方③ 因数分解を利用して解こう

→ 答えは 別冊7ページ

方程式 $x^2-6x+8=0$ を解いてみましょう。もちろん解の公式にあてはめて解くこともできますが，この方程式はもっと簡単に解くことができます。それは因数分解を利用する方法で，2次方程式を解く上でもっとも利用される解き方です。

> **因数分解を利用した解き方**
> 2次方程式 $ax^2+bx+c=0$ の左辺が因数分解できるとき，
> $AB=0$ ならば $A=0$ または $B=0$ を利用して解く。

> **問題1** 次の方程式を解きましょう。
> (1) $x^2-6x+8=0$ (2) $x^2+10x+25=0$

(1)も(2)も，左辺を因数分解することができるので，まず，因数分解します。

(1) $$x^2-6x+8=0$$

たして -6，かけて 8 になる 2つの数を見つける。

左辺を因数分解すると，$\left(x-2\right)\left(x-\boxed{}^{❶}\right)=0$

$x-2$ と $x-\boxed{}^{❷}$ をかけると 0 になるので，どちらか一方の式は $\boxed{}^{❸}$ になります。

$AB=0$ ならば $A=0$，$B=0$

よって，$x-2=\boxed{}^{❹}$ または $x-\boxed{}^{❺}=\boxed{}^{❻}$

したがって，$x=\boxed{}^{❼}$，$x=\boxed{}^{❽}$

(2) $$x^2+10x+25=0$$

左辺を因数分解すると，$\left(x+\boxed{}^{❾}\right)^2=0$

よって，$x+\boxed{}^{❿}=0$，$x=\boxed{}^{⓫}$

これまで学習してきた2次方程式では，解は2個ありましたが，(2)のように，解が1個だけの2次方程式もあります。

> **【因数分解の公式】**
> ① $x^2+(a+b)x+ab$
> $=(x+a)(x+b)$
> ② $x^2+2ax+a^2=(x+a)^2$
> ③ $x^2-2ax+a^2=(x-a)^2$
> ④ $x^2-a^2=(x+a)(x-a)$

基本練習

1 次の方程式を解きましょう。

(1) $(x+1)(x+5)=0$

(2) $x^2-3x=0$

(3) $x^2-8x+16=0$

(4) $x^2-36=0$

(5) $x^2+14x+49=0$

(6) $x^2+4x-45=0$

ポイント (3)(5)左辺が$(x\pm a)^2$の形に因数分解できるときは，解が1つになる。

よくある✕まちがい こんな解き方をしちゃダメ！

● 因数分解を利用した解き方では，右辺は0でなければいけません。

たとえば，右辺を1とすると，$AB=1$となる2つの数の組は，

$A=1$と$B=1$，$A=-1$と$B=-1$，$A=2$と$B=\dfrac{1}{2}$，$A=-3$と$B=-\dfrac{1}{3}$，……。

のように無数にあります。

この中から方程式を満たすxの値を見つけることは，ちょっと大変ですね。

● 基本練習**1**(2)の問題を，右のように解いていませんか？

これでは，$x=0$の解がぬけているので，正解ではありません。

方程式では，文字xは0である場合も考えられるので，xでわる

ことはできません。

$$x^2-3x=0$$
両辺をxでわって，
$$x-3=0$$
$$x=3$$

24 いろいろな方程式を解こう

→ 答えは 別冊7ページ

2次方程式は，いつも $x^2+\bullet x+\blacksquare=0$ の形とはかぎりません。

ここでは，いろいろな形をした2次方程式の解き方について考えてみましょう。

> **問題 1** 次の方程式を解きましょう。
> (1) $(x+4)(x-4)=6x$　　(2) $2x^2-3x=9(x-2)$

まず方程式を整理して，(2次式)＝0 の形に直します。

(1)
$$(x+4)(x-4)=6x$$

左辺を展開すると，　　　❶ $\boxed{}=6x$ ← $(x+a)(x-a)=x^2-a^2$

移項して整理すると，　x^2- ❷ $\boxed{}=0$ ← (2次式)＝0 の形にする。

左辺を因数分解すると，$\left(x+❸\boxed{}\right)\left(x-❹\boxed{}\right)=0$ ← $x^2+(a+b)x+ab$
$=(x+a)(x+b)$

よって，$x+❺\boxed{}=0$　または　$x-❻\boxed{}=0$

したがって，$x=❼\boxed{}$, $x=❽\boxed{}$

左辺の展開には，乗法公式が使えるね！

(2)
$$2x^2-3x=9(x-2)$$

右辺のかっこをはずすと，　$2x^2-3x=$ ❾ $\boxed{}$ ← $a(b-c)=ab-ac$

移項して整理すると，$2x^2-$ ❿ $\boxed{}=0$ ← (2次式)＝0 の形にする。

両辺を2でわると，　　x^2- ⓫ $\boxed{}=0$ ← x^2の係数を1にする。

左辺を因数分解すると，$\left(x-⓬\boxed{}\right)^2=0$ ← $x^2-2ax+a^2=(x-a)^2$

よって，$x-⓭\boxed{}=0$

したがって，$x=⓮\boxed{}$

1 次の方程式を解きましょう。

(1) $x^2 = 5x$

(2) $x^2 = x + 2$

(3) $2x^2 - 1 = x + 1$

(4) $x^2 - 6x = 3(1 - 2x)$

(5) $x^2 = 3(x + 6)$

(6) $(x - 2)^2 = x$

(7) $(x - 1)(x + 5) = -2$

(8) $(x - 4)(x - 8) = -4$

 まず与えられた方程式を計算して，$ax^2 + bx + c = 0$の形に整理する。

25 文章題を解こう

2次方程式の利用

→ 答えは 別冊8ページ

これまで学習してきた2次方程式の解き方を使って，文章題を解いてみましょう。

> **問題①** 連続する2つの自然数があります。2つの数の積は，2つの数の和より19大きくなります。この2つの自然数を求めましょう。

| 数量の間の 関係をつかむ | （連続する2つの数の積）＝（連続する2つの数の和）＋19 |

何をxで表すか決める

小さいほうの数をxとすると，大きいほうの数は と

表せる。

連続する
→1だけ大きい

方程式をつくる

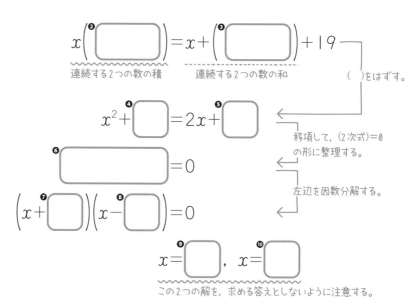

$x\left(\boxed{}\right)=x+\left(\boxed{}\right)+19$

連続する2つの数の積　　　連続する2つの数の和　　　（ ）をはずす。

2次方程式を解く

$x^2+\boxed{}=2x+\boxed{}$

移項して，（2次式）＝0 の形に整理する。

$\boxed{}=0$

左辺を因数分解する。

$\left(x+\boxed{}\right)\left(x-\boxed{}\right)=0$

$x=\boxed{}$ ， $x=\boxed{}$

この2つの解を，求める答えとしないように注意する。

解の検討をする

xは自然数だから，$x=\boxed{}$ は問題にあわない。

$x=\boxed{}$ のとき，連続する2つの数は $\boxed{}$ ，$\boxed{}$ となり，

これは問題にあっている。

したがって，連続する2つの自然数は，$\boxed{}$ と $\boxed{}$

基本練習

1 連続する３つの自然数があります。小さいほうの２つの数の積は，３つの数の和に等しくなります。この３つの自然数を，次の手順で求めましょう。

(1) いちばん小さい自然数をxとして，残りの２つの自然数をxを使って表しましょう。

(2) 方程式をつくり，解きましょう。

(3) もとの３つの自然数を求めましょう。

😊 ポイント 「連続する自然数」ということは，１ずつ大きくなることを意味する。

よくある ✖ まちがい **解の検討を忘れずに！**

１次方程式の文章題と同じように，２次方程式の文章題でも
解の検討（求めた解が文章題の答えにあっているかを調べること）は欠かせません。
特に，２次方程式では，一般に解が２つあるので，
一方は問題にあっているが，もう一方は問題にあっていないことがよくあります。求めるものが何であるのかをしっかり吟味して，答えを決めるようにしましょう。

復習テスト ❸

→ 答えは別冊16ページ

3章 2次方程式

1 次の方程式で，－3が解であるものはどれですか。すべて選び，記号で答えましょう。

【6点】

⑦ $x^2-3=0$　　　④ $x^2+3x=0$　　　⑨ $x^2-4x+3=0$　　　⑤ $x^2+6x+9=0$

[　　　　　　　]

2 次の方程式を解きましょう。

【各5点 計30点】

(1) $4x^2=36$

(2) $x^2-6x+5=0$

[　　　　　　　]　　　　　　　[　　　　　　　]

(3) $3x^2-60=0$

(4) $x^2+12x+36=0$

[　　　　　　　]　　　　　　　[　　　　　　　]

(5) $x^2-3x-28=0$

(6) $(x-1)^2=3$

[　　　　　　　]　　　　　　　[　　　　　　　]

3 次の方程式を，解の公式を使って解きましょう。

【各5点 計10点】

(1) $x^2-6x+3=0$

(2) $5x^2+7x+1=0$

[　　　　　　　]　　　　　　　[　　　　　　　]

4

次の方程式を解きましょう。　　　　　　　　　　　　　　　　【各5点　計30点】

(1)　$x^2+2x=8$　　　　　　　　　　(2)　$x^2=4(x+3)$

[　　　　　　　　]　　　　　　　　[　　　　　　　　]

(3)　$(x-1)(x-4)=1$　　　　　　(4)　$(x-2)(x+8)=6x$

[　　　　　　　　]　　　　　　　　[　　　　　　　　]

(5)　$(x+6)^2=-x$　　　　　　　(6)　$(2x-3)^2=2$

[　　　　　　　　]　　　　　　　　[　　　　　　　　]

5

連続する2つの自然数で，それぞれの数を2乗した和が145になります。この2つの
自然数を求めましょう。　　　　　　　　　　　　　　　　　　　　　【12点】

[　　　　　　　　]

6

横が縦より3cm長い長方形の紙があります。この紙の4
すみから1辺が5cmの正方形を切り取り，直方体の容器
を作ったら，容積が270cm^{3}になりました。はじめの長
方形の紙の縦と横の長さを求めましょう。　　　【12点】

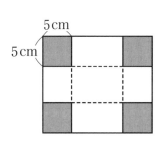

[縦　　　　　，横　　　　　　]

2乗に比例する関数とは？

→ 答えは 別冊8ページ

　中1では，yがxに比例する関数を学習しました。中3では，**yがxの2乗に比例する関数**を学習します。まず，「2乗に比例する」とはどのような関係であるかを考えていきましょう。

> yがxの2乗に比例する関数の式は，$y = ax^2$（aは定数）と表される。
> aを比例定数という。

　では，yがxの2乗に比例する関数について調べてみましょう。

> **問題 ①**　関数$y = 2x^2$について，下の□にあてはまる数を書きましょう。

① 　まずはじめに，xの値に対応するyの値を調べます。下の表を完成させましょう。

x	0	1	2	3	4	5	6
x^2	0	1	4	9	16	25	36
y	0	❶□	❷□	❸□	❹□	❺□	❻□

② 　xの値が1から2になると，yの値は ❼□ から ❽□ になります。

　これより，xの値が2倍になると，yの値は ❾□ 倍になります。また，xの値が3倍，4倍，…になると，yの値は，❿□ 倍，⓫□ 倍，…になります。

　　　$x=3$のとき　　$x=4$のとき
　　　　$y=18$　　　　$y=32$

　このように，xの値がn倍になると，yの値は ⓬□ 倍になります。

> yがxに比例する関数では，xの値がn倍になると，yの値もn倍になったけど…。

③ 　$x \neq 0$のとき，表の上下に対応するx^2とyの値の商$\dfrac{y}{x^2}$はどれも ⓭□ となり，一定です。

　このように，yがxの2乗に比例するとき，上の①～③のような関係があります。

基 本 練 習

1 右の表は，y が x の2乗に比例する
関数で，x と y の値の対応のようす
を表したものです。次の□にあて
はまる数を書きましょう。

x	0	1	2	3	4
y	0	5	20	45	80

(1) x の値が2倍，3倍，4倍，…になると，y の値は□倍，□倍，

□倍，…になります。

(2) 比例定数は□です。

(3) y を x の式で表すと，$y=$□です。

(4) $x=5$ に対応する y の値は□です。

 (2)比例定数は，$x \neq 0$ のとき，表の上下に対応する x^2 と y の値の商 $\dfrac{y}{x^2}$

ふりかえり 中1 関数とは？

「関数」とはどんな関係か覚えていますか？　もう一度，復習しておきましょう。

> ともなって変わる2つの数量 x, y があって，
> x の値を決めると，それにともなって y の値が
> ただ1つに決まるとき，y は x の関数である。

これまで学習してきた比例，反比例，1次関数はどれも関数です。
そして，y が x の2乗に比例する関係も，もちろん関数です。
これで中学で学習する関数がすべて出そろいました。

27 式を求めよう

関数$y=ax^2$の式の求め方

→ 答えは
別冊8ページ

比例の式は$y=ax$とおいて，この式に，1組のx，yの値を代入してaの値を求めましたね。2乗に比例する関数の式も，同じように比例定数を求めることがポイントです。

> **2乗に比例する関数の式の求め方**
> ❶ 求める式を$y=ax^2$とおく。
> ❷ $y=ax^2$に1組のx，yの値を代入する。
> ❸ aについての方程式を解き，aの値を求める。

2乗に比例する関数の式を求めてみましょう。

> **問題❶** yはxの2乗に比例し，$x=2$のとき$y=12$です。
> (1) yをxの式で表しましょう。
> (2) $x=-3$のときのyの値を求めましょう。

(1) yはxの2乗に比例するから，式は$y=ax^2$とおけます。

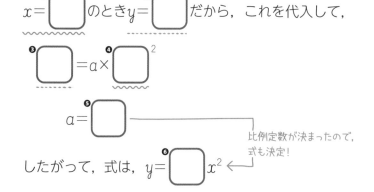

$x=\boxed{}^{❶}$のとき$y=\boxed{}^{❷}$だから，これを代入して，

$\boxed{}^{❸}=a\times\boxed{}^{❹}{}^2$

$a=\boxed{}^{❺}$

比例定数が決まったので，式も決定！

したがって，式は，$y=\boxed{}^{❻}x^2$ ←

xの値とyの値を
逆に代入しないように
気をつけて！

(2) (1)で求めた式にxの値を代入します。

$y=\boxed{}^{❼}x^2$に$x=-3$を代入すると，

$y=\boxed{}^{❽}\times(-3)^2=\boxed{}^{❾}\times\boxed{}^{❿}=\boxed{}^{⓫}$

負の数は( )をつけて代入する。

基本練習

1 次の問いに答えましょう。

(1) yはxの2乗に比例し，$x=-3$のとき$y=36$です。yをxの式で表しましょう。

(2) yはxの2乗に比例し，$x=4$のとき$y=-8$です。$x=-6$のときのyの値を求めましょう。

2 右の表は，yがxの2乗に比例する関係で，xとyの値の対応のようすの一部を表したものです。㋐，㋑にあてはまる数を書きましょう。

x	-3	-1	2	4
y	-27	㋐	-12	㋑

😃 yがxの2乗に比例するならば，$y=ax^2$とおく。

28 グラフをかこう
関数 $y=ax^2$ のグラフ①

→ 答えは
別冊8ページ

比例のグラフや1次関数のグラフは直線に，反比例のグラフは双曲線になりましたね。関数 $y=ax^2$ のグラフは**放物線**というなめらかな曲線になります。$y=ax^2$ のグラフには，どんな特徴があるかを調べていきましょう。

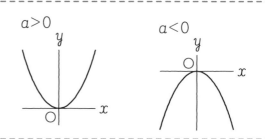

$y=ax^2$ のグラフ
① 原点を通る。
② y軸について対称な曲線。
③ $a>0$ のとき，上に開いた形。
$a<0$ のとき，下に開いた形。

問題1 関数 $y=x^2$ のグラフをかきましょう。

① xの値に対応するyの値を求め，下の表にまとめます。

x	…	-4	-3	-2	-1	0	1	2	3	4	…
y	…	❶	❷	❸	❹	0	❺	❻	❼	❽	…

② ①の表のx，yの値の組を座標とする点をとります。

③ ②でとった点を通るなめらかな曲線をかきます。
この曲線を放物線という。

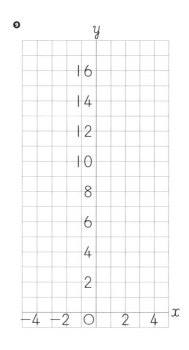

では，関数 $y=x^2$ のグラフを見て，グラフについてどんなことがわかるか考えてみましょう。

$x=0$ のとき$y=0$だから，❿ ◻︎ を通ります。

yの値は0か正の数だから，x軸の⓫ ◻︎ 側にあります。
上？ 下？

⓬ ◻︎ 軸を対称の軸として，線対称な形になります。
x軸？ y軸？

066

基本練習

1 次の関数のグラフをかきましょう。

(1) $y=2x^2$

(2) $y=-x^2$

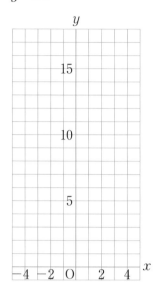

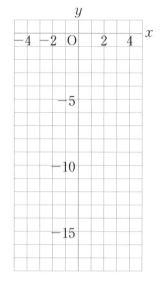

😀 **ミス注意** とった点を直線で結んではダメ。なめらかな曲線で結ぼう。

もっとくわしく　放物線とは？

関数 $y=ax^2$ のグラフを放物線といいます。

放物線は限りなくのびた曲線で線対称な図形です。

その対称の軸を放物線の軸，軸と放物線との交点を放物線の頂点といいます。

関数 $y=ax^2$ のグラフでは，放物線の軸は y 軸，放物線の頂点は原点になります。

放物線の軸　放物線

放物線の頂点

29 グラフからよみとろう

関数$y=ax^2$のグラフ②

→ 答えは
別冊9ページ

関数$y=ax^2$のグラフから，その関数の式を求めてみましょう。

> $\underline{y=ax^2\text{のグラフの式の求め方}}$
> ❶ グラフが通る点のうち，x座標，y座標がともに整数であるような点を見つける。
> ❷ ❶で見つけた点の座標を，$y=ax^2$に代入して，aの値を求める。
> ❸ yをxの式で表す。

問題❶ 右の図の(1)，(2)のグラフは，yがxの2乗に比例する関数のグラフです。それぞれについて，yをxの式で表しましょう。

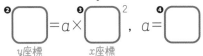

(1) グラフが通る点のうち，x座標，y座標がはっきりよみとれる点を見つけます。 ← x座標，y座標がともに整数であるような点

グラフは，点$\left(1,\boxed{}^{❶}\right)$を通ります。

点$(2, 8)$, $(-1, 2)$, $(-2, 8)$も通るので，これらを使ってもよい。

この点の座標を$y=ax^2$に代入すると，

$\boxed{}^{❷}=a\times\boxed{}^{❸2}$, $a=\boxed{}^{❹}$

y座標　　　x座標

したがって，式は，$y=\boxed{}^{❺}$

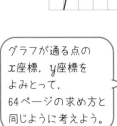

グラフが通る点のx座標，y座標をよみとって，64ページの求め方と同じように考えよう。

(2) グラフは，点$\left(2,\boxed{}^{❻}\right)$を通ります。 ← 点$(4, -8)$, $(-2, -2)$, $(-4, -8)$も通る。

この点の座標を$y=ax^2$に代入すると，$\boxed{}^{❼}=a\times\boxed{}^{❽2}$, $a=\boxed{}^{❾}$

したがって，式は，$y=\boxed{}^{❿}$

1 右の図の(1), (2)のグラフは，y が x の2乗に比例する関数のグラフです。それぞれについて，y を x の式で表しましょう。

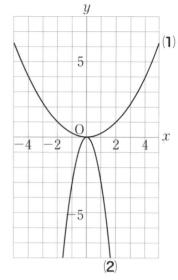

😀🐾 グラフが通る点のうち，x 座標，y 座標がともに整数であるような点の座標をよみとる。

もっとくわしく　比例定数とグラフの開き方

右の図は，$y=x^2$ ……①，$y=2x^2$ ……②，$y=3x^2$ ……③
のグラフをまとめて表しています。

3つのグラフを見比べると，比例定数が大きくなるにつれて，
グラフの開き方は逆に小さくなり，形が細長くなっていきます。
このように，関数 $y=ax^2 (a>0)$ のグラフは，

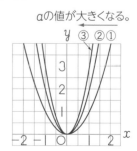

> a の値が大きくなるほど，グラフの開き方は小さく，
> a の値が小さくなるほど，グラフの開き方は大きく

なります。

30 変域を求めよう

x, yなどの変数がとる値の範囲を，その変数の**変域**といいましたね。ここでは，関数$y=ax^2$で，xの変域とそれに対応するyの変域について調べてみましょう。

> ## $y=ax^2$の変域の求め方
> ❶ 関数$y=ax^2$のグラフをかく。（グラフはおよその形がわかればよい。）
> ❷ xの変域に対応するグラフの部分を調べ，その部分に対応するyの値の最小値と最大値を見つける。
> ❸ yの変域は，（yの最小値）$\leqq y \leqq$（yの最大値）になる。

> **問題❶** 関数$y=x^2$で，xの変域が次のようなとき，yの変域を求めましょう。
> (1) $1 \leqq x \leqq 3$ (2) $-1 \leqq x \leqq 3$

(1) 右のグラフで，$1 \leqq x \leqq 3$に対応するのは ━━ の部分です。

このxの変域に対応するyの値を調べると，

$x=1$のとき，yは最小値 □❶

$x=$□❷のとき，yは最大値 □❸

をとります。

これより，yの変域は，□❹ $\leqq y \leqq$ □❺ になります。

<small>yの最小値　　yの最大値</small>

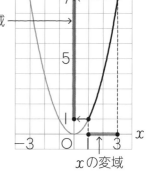

(2) 右のグラフで，$-1 \leqq x \leqq 3$に対応するのは ━━ の部分です。

このxの変域に対応するyの値を調べると，

$x=0$のとき，yは最小値 □❻

$x=$□❼のとき，yは最大値 □❽

をとります。

これより，yの変域は，□❾ $\leqq y \leqq$ □❿ になります。

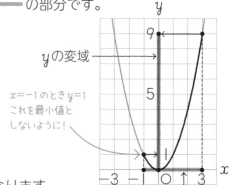

x=−1のときy=1
これを最小値と
しないように！

1章

2章

3章

4章
関数 $y=ax^2$

5章

6章

7章

8章

1 関数 $y=-\dfrac{1}{2}x^2$ で，xの変域が次のようなとき，yの変域を求めましょう。

(1)　$2 \leqq x \leqq 4$

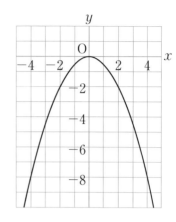

(2)　$-4 \leqq x \leqq 2$

(2) $x=2$ のときの y の値 -2 を最大値としないように。

もっとくわしく　関数 $y=ax^2$ は増えたり減ったり

関数 $y=ax^2$ のグラフから，yの値の増減について次のことがいえます。

[$a>0$ のとき]

● $x<0$ の範囲では，xの値が増加すると yの値は減少する。

● $x=0$ のとき，yは最小値 0 をとる。

● $x>0$ の範囲では，xの値が増加すると yの値は増加する。

[$a<0$ のとき]

● $x<0$ の範囲では，xの値が増加すると yの値は増加する。

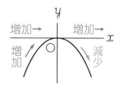

● $x=0$ のとき，yは最大値 0 をとる。

● $x>0$ の範囲では，xの値が増加すると yの値は減少する。

31 変化の割合

変化の割合

変化の割合を求めよう

→ 答えは
別冊9ページ

xの増加量に対するyの増加量の割合を変化の割合といい、

$$(変化の割合)=\frac{(yの増加量)}{(xの増加量)}$$ で求められます。1次関数$y=ax+b$の変化の割合は一定で、aの値に等しいですが、関数$y=ax^2$の変化の割合はどのようになるでしょう。

> **問題 ❶** 関数$y=x^2$で、xの値が次のように増加するときの変化の割合を求めましょう。
>
> (1) 1から3まで (2) −4から−2まで

(1) xの増加量は、$3-1=2$

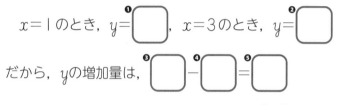

まず、xの増加量とyの増加量を求めよう。

したがって、変化の割合は、

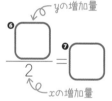

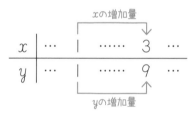

(2) 今度は、変化の割合を1つの式に表して計算してみましょう。

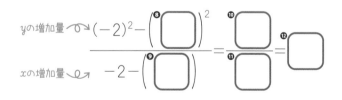

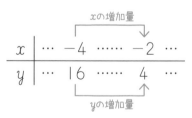

(1)と(2)の変化の割合を比べてみると、同じ値ではありません。

このように、関数$y=ax^2$では、xがどの値からどの値まで増加するかによって変化の割合も異なってきます。

つまり、関数$y=ax^2$の変化の割合は一定ではありません。

基本練習

1 関数$y=2x^2$で，xの値が次のように増加するときの変化の割合を求めましょう。

(1) 1から4まで

(2) −5から−3まで

😀 **ポイント** 関数$y=ax^2$では，xがどの値からどの値まで増加するかによって変化の割合も異なる。

もっとくわしく 平均の速さ

例 ある斜面をボールが転がり始めてからx秒間に転がる距離をymとすると，xとyの間に，$y=3x^2$という関係が成り立ちました。ボールが転がり始めてから，2秒後から5秒後までの平均の速さを求めましょう。

2秒後から5秒後までにかかった時間は，$5-2=3$(秒) ←xの増加量
この間に進んだ距離は，$3\times5^2-3\times2^2=75-12=63$(m) ←$y$の増加量

したがって，平均の速さは，$\dfrac{63}{3}=21$(m/s) ← $\dfrac{y\text{の増加量}}{x\text{の増加量}}$

このように，2秒後から5秒後までの平均の速さは，関数$y=3x^2$で，xの値が2から5まで増加するときの変化の割合と同じになります。

32 関数で解決しよう

→ 答えは
別冊9ページ

関数の利用

わたしたちの身のまわりには，2乗に比例する関数で表されるような現象がたくさんあります。そのような現象について，考えてみましょう。

問題 1 高いところから物体を落下させるとき，落下させてからx秒後までに落下する距離をymとすると，yはxの2乗に比例します。いま，物体を落下させたところ，物体が落ち始めてから3秒後までに落下した距離は45mでした。次の問いに答えましょう。

(1) yをxの式で表しましょう。

(2) 物体を落下させてから4秒後までに落下した距離は何mですか。

(3) 物体を落下させてから180m落下するまでにかかる時間は何秒ですか。

---

(1) yはxの2乗に比例するから，式は$y = ax^2$とおけます。

この式に，$x = \boxed{}^{❶}$，$y = \boxed{}^{❷}$を代入すると， 〜3秒後までに落下した距離は45m

$\boxed{}^{❸} = a \times \boxed{}^{❹}{}^2$，$a = \boxed{}^{❺}$

したがって，式は，$y = \boxed{}^{❻}x^2$

【物体の落下運動】

● 重さや形の異なるものでも同じ時間で落下する。

● 落下した距離は，時間の2乗に比例する。

落下する時間xと距離yの関係は，やや正確な値として，$y = 4.9x^2$と表される。

(2) $y = \boxed{}^{❼}x^2$に$x = 4$を代入すると，

$y = \boxed{}^{❽} \times 4^2 = \boxed{}^{❾}$ (m)

(3) $y = \boxed{}^{❿}x^2$に$y = 180$を代入すると，

$180 = \boxed{}^{⓫}x^2$，$x^2 = \boxed{}^{⓬}$，$x = \pm\boxed{}^{⓭}$

平方根の考え方を使って，2次方程式を解こう。

$x > 0$だから，$x = \boxed{}^{⓮}$ (秒)

基本練習

1 自動車にブレーキをかけるとき，ブレーキがきき始めてから停止するまでに自動車が進む距離を制動距離といいます。時速 x km で走っている自動車の制動距離を y m とすると，y は x の2乗に比例します。いま，時速 60 km で走っている自動車の制動距離が 27 m でした。次の問いに答えましょう。

(1) y を x の式で表しましょう。

(2) 時速 40 km で走ったときと，時速 80 km で走ったときの制動距離の差は何 m ですか。

(3) 制動距離が 75 m のとき，自動車の時速は何 km ですか。

😊 自動車の時速と制動距離との関係は，（制動距離）＝ a ×（自動車の時速）^{2}

33 放物線と直線を組み合わせた問題 → 答えは 別冊10ページ

放物線と直線を組み合わせた問題の解き方を考えてみましょう。

問題 ① 右の図のように，放物線 $y=\dfrac{1}{3}x^2$ と

直線 ℓ が 2 点A，Bで交わっています。
点Aの x 座標は -3，点Bの x 座標は
6 です。このとき，3 点O，A，Bを
結んでできる△OABの面積を求め
ましょう。

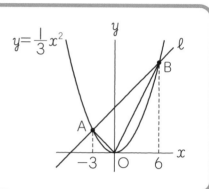

直線 ℓ と y 軸との交点をCとすると，△OABは 2 つの三角形△OACと△OBCに分け
られます。それぞれの三角形の面積を求め，その和を求めます。

| 点A，B の座標を 求める | 点A，Bのそれぞれの x 座標を $y=\dfrac{1}{3}x^2$ に代入します。 点Aの座標は $\left(-3,\; \boxed{}^{\text{①}}\right)$ ，　点Bの座標は $\left(6,\; \boxed{}^{\text{②}}\right)$ |

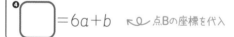

| 直線 ℓ の 式を求め， OCの長さ を求める | 直線 ℓ の式を $y=ax+b$ とおくと， $\begin{cases} \boxed{}^{\text{③}}=-3a+b \quad \text{点Aの座標を代入} \\ \boxed{}^{\text{④}}=6a+b \quad \text{点Bの座標を代入} \end{cases}$ これを連立方程式として解くと， $a=\boxed{}^{\text{⑤}}$ ，　$b=\boxed{}^{\text{⑥}}$ $\quad\begin{array}{r} 6a+b=12 \\ -)-3a+b=3 \\ \hline 9a\quad=9 \end{array}$ これより，直線 ℓ の式は，$y=\boxed{}^{\text{⑦}}$ OCの長さは，直線 ℓ の切片に等しいから，OC $=\boxed{}^{\text{⑧}}$ |

| △OAB の面積を 求める | 底辺OC　高さAH　　　　底辺OC　高さBK $\triangle OAB=\dfrac{1}{2}\times\boxed{}^{\text{⑨}}\times\boxed{}^{\text{⑩}}+\dfrac{1}{2}\times\boxed{}^{\text{⑪}}\times\boxed{}^{\text{⑫}}=\boxed{}^{\text{⑬}}$
 △OACの面積　　　　　　△OBCの面積 |

基本練習

1 右の図のように，放物線 $y=ax^2$ と直線 ℓ が
2点A，Bで交わっています。点Aの座標は
$(-4，4)$，点Bの x 座標は6です。次の問
いに答えましょう。

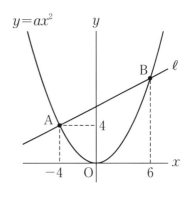

(1) a の値を求めましょう。

(2) 点Bの座標を求めましょう。

(3) 直線 ℓ の式を求めましょう。

(4) △OABの面積を求めましょう。

 (4)直線 ℓ と y 軸の交点をCとすると，△OAB＝△OAC＋△OBC

→ 答えは別冊17ページ

得点
／100点

④章 関数 $y=ax^2$

1 次のことがらのうち，yがxの2乗に比例するものはどれですか。すべて選び，記号で答えましょう。　　　　【8点】

㋐　縦がx cm，横が$(x+5)$cmの長方形の面積を$y$cm²とします。

㋑　半径が$x$cmの円の面積を$y$cm²とします。

㋒　1辺が$x$cmの立方体の体積を$y$cm³とします。

㋓　底面が1辺$x$cmの正方形で，高さが6cmの正四角錐の体積を$y$cm³とします。

〔　　　　　　　　〕

2 次の問いに答えましょう。　　　　【各8点　計16点】

(1)　yはxの2乗に比例し，$x=3$のとき$y=36$です。yをxの式で表しましょう。

〔　　　　　　　　〕

(2)　yはxの2乗に比例し，$x=6$のとき$y=-12$です。$x=-3$のときのyの値を求めましょう。

〔　　　　　　　　〕

3 次のグラフをかきましょう。　　　　【各10点　計20点】

(1)　$y=\dfrac{1}{2}x^2$

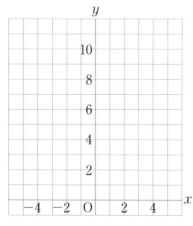

(2)　$y=-\dfrac{1}{3}x^2$

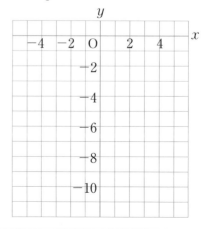

4

次の問いに答えましょう。 【各8点　計16点】

(1) 関数 $y=\dfrac{1}{4}x^2$ で，x の変域が $-6 \leqq x \leqq 2$ のとき，y の変域を求めましょう。

〔　　　　　　　〕

(2) 関数 $y=ax^2$ で，x の変域が $-4 \leqq x \leqq 6$ のとき，y の変域が $-18 \leqq y \leqq 0$ です。このとき，a の値を求めましょう。

〔　　　　　　〕

5

次の問いに答えましょう。 【各8点　計16点】

(1) 関数 $y=3x^2$ で，x の値が1から5まで増加するときの変化の割合を求めましょう。

〔　　　　　　〕

(2) y が x の2乗に比例し，x の値が3から6まで増加するとき，変化の割合が -18 となる関数の式を求めましょう。

〔　　　　　　〕

6

右の図のように，放物線 $y=ax^2$ と直線 $y=x-6$ が2点A，Bで交わっています。点A，Bの x 座標がそれぞれ -3，2であるとき，次の問いに答えましょう。

【(1)各4点，(2)8点，(3)8点　計24点】

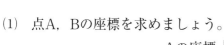

(1) 点A，Bの座標を求めましょう。

Aの座標〔　　　　　　〕

Bの座標〔　　　　　　〕

(2) a の値を求めましょう。

〔　　　　　〕

(3) △OABの面積を求めましょう。

〔　　　　　〕

34 相似とは？

相似な図形

→ 答えは
別冊10ページ

形も大きさも同じ図形を合同といいましたね。一方，形は同じで大きさのちがう図形を**相似**といいます。相似な図形について考えていきましょう。

> **相似な図形の性質**
> ① 相似な図形では，対応する辺の長さの比は，すべて等しい。
> ② 相似な図形では，対応する角の大きさは，それぞれ等しい。

問題❶ 右の図の2つの四角形は相似です。次の□にあてはまるものを書きましょう。

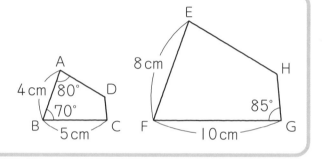

① 辺ABに対応する辺は辺EFで，AB：EF＝4：❶□＝1：❷□

また，BC：FG＝5：❸□＝1：❹□

できるだけ簡単な整数の比で表す。

このように，相似な図形では，対応する辺の長さの比は，すべて等しくなります。

よって，CD：GH＝❺□，DA：HE＝❻□

この対応する辺の長さの比を**相似比**といいます。

② ∠Aに対応する角は∠Eだから，∠E＝❼□°

同じように考えて，∠F＝❽□°，∠C＝❾□°

このように，相似な図形では，対応する角の大きさは，それぞれ等しくなります。

> 四角形ABCDと四角形EFGHの相似比は1：2だよ。

2つの四角形が相似であることを，記号∽を使って，

四角形❿□∽四角形⓫□と書きます。

対応する頂点を周にそって順に書く。

基本練習

1 右の図で，△ABCと△DEF は相似です。次の問いに答えましょう。

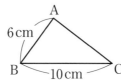

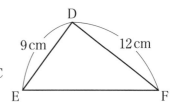

(1) △ABCと△DEFの相似比を求めましょう。

(2) 辺EFの長さは何cmですか。

(3) 辺ACの長さは何cmですか。

😀 **ポイント** △ABC∽△DEFだから，AB：DE＝BC：EF＝CA：FD

ふりかえり 🔧中1 比例式の解き方は？

比$a：b$で，a，bを比の項といい，$\dfrac{a}{b}$を比の値といいます。

2つの比$a：b$と$c：d$が等しいことを$a：b＝c：d$と表し，この式を比例式といいます。また，比例式にふくまれる文字の値を求めることを，比例式を解くといいます。

比例式を解くときは，比例式の性質 $a：b＝c：d$ ならば $ad＝bc$ を使います。

例 $x：3＝6：9$，$x×9＝3×6$，$9x＝18$，$x＝2$

三角形の合同条件は3つありましたね。2つの三角形が相似になるための条件，すなわち，**三角形の相似条件**も3つあります。

三角形の相似条件
① 3組の辺の比がすべて等しい。
② 2組の辺の比とその間の角がそれぞれ等しい。
③ 2組の角がそれぞれ等しい。

①
②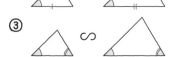
③

問題❶ 下の①〜③は，三角形の相似条件について説明したものです。□にあてはまる数や記号，ことばを書きましょう。

△ABCと△DEFは，次の条件のうちのどれかが成り立てば相似です。

① AB：DE＝BC：❶□＝❷□：FD

❸□ 組の ❹□ の比がすべて等しいから，

　　△ABC∽△DEF

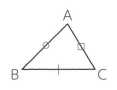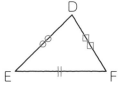

② AB：❺□＝BC：❻□ ， ∠B＝∠❼□

❽□ 組の ❾□ の比とその間の ❿□ が

それぞれ等しいから，

　　△ABC∽△DEF

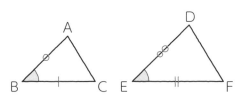

③ ∠B＝∠⓫□ ， ∠⓬□＝∠F

⓭□ 組の ⓮□ がそれぞれ等しいから，

　　△ABC∽△DEF

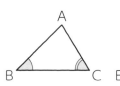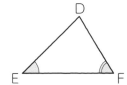

基本練習

1 下の図で，相似な三角形の組を選び，記号で答えましょう。
また，そのときに使った三角形の相似条件も書きましょう。

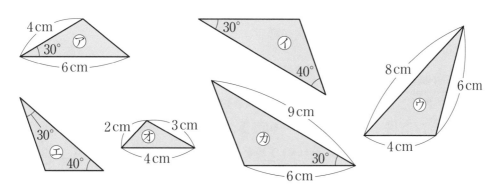

相似な三角形　　三角形の相似条件

☐と☐　[　　　　　　　　　　　　　　　　　]

☐と☐　[　　　　　　　　　　　　　　　　　]

☐と☐　[　　　　　　　　　　　　　　　　　]

😛 それぞれの三角形の辺の長さの比と角の大きさに着目しよう。

よくある✖まちがい　合同条件と相似条件

三角形の合同条件と相似条件はよく似ていますね。
混同しやすいので，それぞれをしっかり区別して正確に覚えておきましょう。

三角形の合同条件
①3組の辺がそれぞれ等しい。
②2組の辺とその間の角がそれぞれ等しい。
③1組の辺とその両端の角がそれぞれ等しい。

三角形の相似条件
①3組の辺の比がすべて等しい。
②2組の辺の比とその間の角がそれぞれ等しい。
③2組の角がそれぞれ等しい。

36 三角形の相似を証明しよう

→ 答えは
別冊10ページ

中2で学習した三角形の合同の証明のしかたを思い出しましょう。

三角形の相似の証明の流れは，合同の証明とよく似ています。仮定から出発して，定義や定理，性質を根拠としながら結論を導きましょう。

> **三角形の相似の証明の手順**
> ❶ 相似であることを証明する2つの三角形を示す。
> ❷ 与えられた条件や，わかっている定義，定理，性質から，辺の比や角が等しいことを示す。
> ❸ ❷から，三角形の相似条件を導く。
> ❹ 2つの三角形が相似であることを示す。

問題 1 右の図で，点Oは線分ACとBDの交点です。AD//BCのとき，△AOD∽△COBであることを証明しましょう。

【証明】 △AODと△COBにおいて，

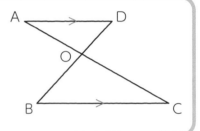

❶ [＿＿＿＿] は等しいから，

∠AOD=∠❷[＿＿＿] ……①

AD//BCで， ❸[＿＿＿] は等しいから，
（仮定）

∠DAO=∠❹[＿＿＿] ……②

> ∠ADO＝∠CBO
> を示すこともできるね。

①，②より，❺[＿＿＿＿＿＿＿＿＿＿＿] がそれぞれ等しいから，

← 三角形の相似条件

△AOD∽△❻[＿＿＿]

（結論）

1 右の図で，点Oは線分ACとBDの交点です。
△AOD∽△COBであることを証明します。
証明の続きを書いて，証明を完成させましょう。

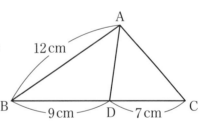

（証明）
　△AODと△COBにおいて，

2 右の図で，点Dは辺BC上の点です。
△ABC∽△DBAであることを証明します。
証明の続きを書いて，証明を完成させま
しょう。

（証明）
　△ABCと△DBAにおいて，

 2 ∠Bをはさむ2組の辺の比に着目しよう。

37 三角形と比 三角形に平行な直線をひこう

→ 答えは
別冊11ページ

三角形の1辺に平行な直線をひいたときに生まれる性質について考えていきましょう。

下の図で、DE//BCのとき、△ADE∽△ABCが成り立ちます。相似な図形の対応する辺の比が等しいことから、三角形と比の定理を導くことができます。

三角形と比の定理

△ABCの辺AB、AC上の点をそれぞれD、Eとするとき、

DE//BC ならば、

AD：AB＝AE：AC＝DE：BC

問題❶ 右の図で、点D、Eはそれぞれ辺AB、AC上の点で、DE//BCです。

(1) ACの長さは何cmですか。

(2) DEの長さは何cmですか。

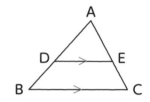

(1) DE//BCだから、AD：AB＝AE：AC

$12 : \boxed{}^{❶} = \boxed{}^{❷} : AC$

$\boxed{}^{❸} AC = \boxed{}^{❹}$

$a : b = c : d ならば ad = bc$

$AC = \boxed{}^{❺} (cm)$

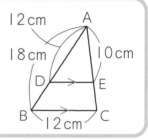

(2) DE//BCだから、AD：AB＝DE：BC

$12 : \boxed{}^{❻} = DE : \boxed{}^{❼}$

$\boxed{}^{❽} = \boxed{}^{❾} DE$

$DE = \boxed{}^{❿} (cm)$

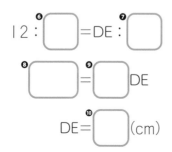

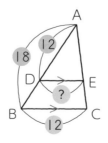

【三角形と比の定理の逆】

△ABCの辺AB、AC上にそれぞれ点D、Eがあり、

AD：AB＝AE：AC

ならば、DE//BC

も成り立ちます。

1 次の図で，DE//BCです。x，yの値を求めましょう。

(1)
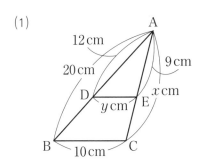

(2)
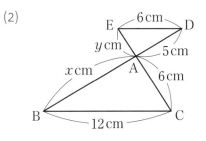

 (2)点D，Eが辺BA，CAの延長上にあっても，三角形と比の定理は成り立つ。

もっとくわしく　もうひとつの三角形と比の定理

△ABCの辺AB，AC上の点をそれぞれD，Eとするとき，
次の定理が成り立ちます。

　DE//BC ならば，AD : DB＝AE : EC

また，上の定理の逆も成り立ちます。

　AD : DB＝AE : EC ならば，DE//BC

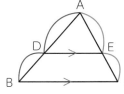

AD : DB＝DE : BC
としないように注意！

38 平行線に交わる直線をひこう

→ 答えは 別冊11ページ

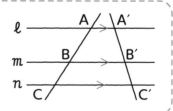

平行線と比の定理

右の図で，3つの直線ℓ，m，nが平行ならば，

$$AB : BC = A'B' : B'C'$$

問題 1 次の図で，直線ℓ，m，nが平行であるとき，xの値を求めましょう。

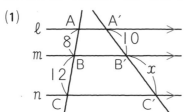

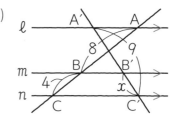

直線ℓ，m，nは平行だから，平行線と比の定理を利用します。

(1)

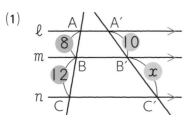

$$AB : BC = A'B' : B'C'$$

$8 :$ ❶ ☐ ❷ ☐ $: x$

→ $a : b = c : d$ ならば，$ad = bc$

❸ ☐ $x =$ ❹ ☐

$x =$ ❺ ☐

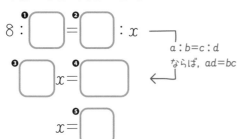

3つの直線ℓ，m，nが平行であることを，ℓ//m//nと表すこともあるよ。

(2)

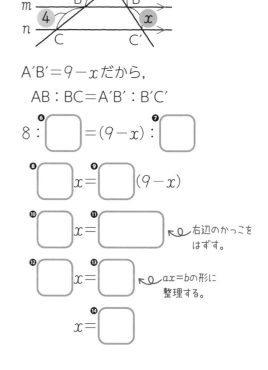

A′B′＝9－xだから，

$$AB : BC = A'B' : B'C'$$

$8 :$ ❻ ☐ $= (9 - x) :$ ❼ ☐

❽ ☐ $x =$ ❾ ☐ $(9 - x)$

❿ ☐ $x =$ ⓫ ☐

↜ 右辺のかっこをはずす。

⓬ ☐ $x =$ ⓭ ☐

↜ $ax = b$の形に整理する。

$x =$ ⓮ ☐

1 次の図で，直線ℓ，m，nが平行であるとき，xの値を求めましょう。

(1)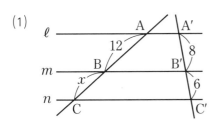

(2)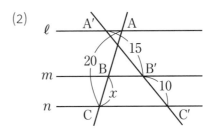

(2)AB＝AC－BC＝20－xとして，平行線と比の定理を利用する。

平行線と比の定理の証明は？

平行線と比の定理を証明しましょう。

【証明】

点Aを通り，A'C'に平行な直線をひき，m，nとの交点をD，Eとします。

三角形と比の定理より，AB：BC＝AD：DE ……①

四角形ADB'A'，DEC'B'はどちらも平行四辺形で，平行四辺形の対辺は等しいから，AD＝A'B'，DE＝B'C' ……②

①，②から，AB：BC＝A'B'：B'C'

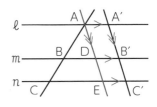

39 中点連結定理とは？

→ 答えは
別冊11ページ

三角形の２つの辺の中点を結ぶ線分が登場したら，**中点連結定理**の出番です。

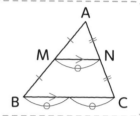

中点連結定理
△ABCの２辺AB，ACの中点をそれぞれM，Nとするとき，

$$MN /\!/ BC, \quad MN = \frac{1}{2}BC$$

問題 1 右の図で，点D，Eはそれぞれ辺AB，ACの
中点です。

(1) ∠ADEの大きさは何度ですか。

(2) 線分DEの長さは何cmですか。

点D，Eはそれぞれ辺AB，ACの中点だから，中点連結定理が利用できます。

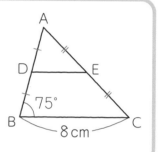

(1) DE〔①〕BCだから，〔②〕は等しくなります。
中点連結定理　　　　　　↖ 平行線で等しくなる角は？

よって，∠ADE＝∠〔③〕＝〔④〕°
　　　　　　↖ ∠ADEと等しい角は？

(2) DE＝〔⑤〕BCだから，
中点連結定理

DE＝〔⑥〕×〔⑦〕＝〔⑧〕(cm)
　　　　　↖ 辺BCの長さ

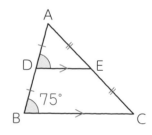

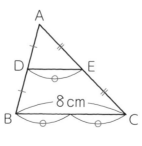

中点連結定理は，
三角形と比の定理で，
AD：AB＝AE：AC＝1：2
のときに成り立つ定理だね。

1 右の図の△ABCで，点D，E，Fはそれぞれ
辺AB，BC，CAの中点です。次の問いに答
えましょう。

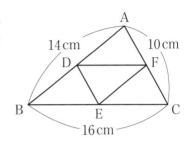

(1) △DEFの周の長さは何cmですか。

(2) ∠ABCと等しい角をすべて答えましょう。

2 右の図で，四角形ABCDは，AD∥BCの台形です。
辺ABの中点をEとし，Eから辺BCに平行な直線
をひき，AC，CDとの交点をそれぞれF，Gとし
ます。線分EGの長さを求めましょう。

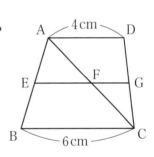

 2 △ABCと△ACDでそれぞれ中点連結定理を利用しよう。

40 相似の利用 はかれない高さを求めよう

→ 答えは別冊11ページ

ビルの高さなど直接はかることのできない高さや長さなどを，相似な図形の性質を利用して求めてみましょう。

問題 ① ビルから50m離れた地点Pからビルの先端Aを見上げたところ，水平方向に対して30°上に見えました。目の高さを1.5mとして，ビルの高さを求めましょう。

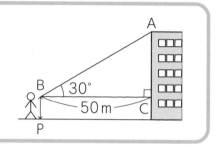

縮尺を決め，縮図をかく

縮尺を $\dfrac{1}{1000}$ として，△ABCの縮図△A′B′C′をかきます。

❶

> 縮図の縮尺は，縮図がかきやすく，実際の長さを求めるとき，計算しやすいものにしよう。

縮図上で求める長さをはかる

縮図上で，A′C′の長さをはかると，約 ❷ [　　] cm

> 測定値は，小数第1位までの近似値で求めよう。

ACの長さを求める

A′C′の長さ

実際のACの長さは，❸ [　　] × ❹ [　　] = ❺ [　　] (cm)

ACの長さをmの単位に直すと，AC = ❻ [　　] m

ビルの高さを求める

ビルの高さは，❼ [　　] +1.5 = ❽ [　　] (m) → 約 ❾ [　　] m

> 目の高さをたすことを忘れないように。

1 ビルから40m離れた地点Pからビルの先端Aを見上げたところ，水平方向に対して50°上に見えました。目の高さを1.5mとして，ビルの高さを求めましょう。

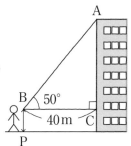

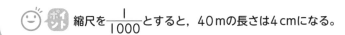 縮尺を $\dfrac{1}{1000}$ とすると，40mの長さは4cmになる。

 縮図と縮尺

もとの図形を，形を変えずに小さくした図形を縮図といいます。

縮図をかくとき，実際の長さを縮めた割合を縮尺といいます。

縮尺には，次のような表し方があります。

● 分数で表す

$\dfrac{1}{1000}$

実際の長さを $\dfrac{1}{1000}$ に縮めている

● 比で表す

1：1000

縮図上の長さと実際の長さの比が1：1000

● 数直線で表す

縮図上での太線の長さが実際は30m

41 相似な図形の面積の比は？

→ 答えは 別冊12ページ

相似な図形では，対応する辺の長さの比はすべて等しくなり，この比を相似比といいましたね。では，相似な図形の面積の比はどのようになるでしょう。

> 相似な2つの図形で，相似比が $m:n$ ならば，
> - 周の長さの比は，$m:n$ （相似比に等しい。）
> - 面積の比は，$m^2:n^2$ （相似比の2乗に等しい。）

問題 1 右の図で，△ABC∽△DEFです。

(1) △ABCと△DEFの周の長さの比を求めましょう。

(2) △ABCの面積が12cm² のとき，△DEFの面積は何cm²ですか。

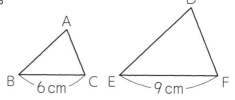

△ABC∽△DEFで，相似比は， $6:9 = $ ❶[　] : ❷[　] ← 相似比は対応する辺の比

(1) 周の長さの比は相似比に等しいから，

(△ABCの周の長さ) : (△DEFの周の長さ) = ❸[　] : ❹[　]

> △ABCは，三角形ABCの面積を表すときにも使えるよ。

(2) 面積の比は相似比の2乗に等しいから，

$$△ABC : △DEF = ❺[\ ]^2 : ❻[\ ]^2 = ❼[\ ] : ❽[\ ]$$

~~相似比の2乗~~

$$12 : △DEF = ❾[\ ] : ❿[\ ]$$

$$⓫[\ ] = △DEF × ⓬[\ ]$$

$$△DEF = ⓭[\ ] (cm^2)$$

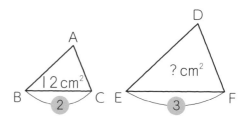

1 右の図の△ABCで，DE∥BCです。
次の問いに答えましょう。

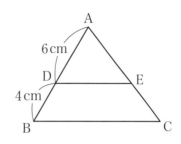

(1)　△ADEの周の長さが24cmのとき，
　　△ABCの周の長さは何cmですか。

(2)　△ABCの面積が75cm²のとき，△ADEの面積は何cm²ですか。

2 右の図の△ABCで，点D，Eは辺ABを3等分する
点で，点F，Gは辺ACを3等分する点です。
△ADFの面積と台形DEGFの面積と台形EBCGの
面積の比を求めましょう。

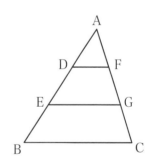

 2 まず，△ADF，△AEG，△ABCの面積の比を求めよう。

42

相似な立体の体積

相似な立体の体積の比は？ → 答えは 別冊12ページ

立体についても，平面図形と同じように相似の関係が考えられます。ひとつの立体を，一定の割合で大きくしたり，または，小さくしたりしてできた立体を，もとの立体と相似であるといいます。相似な立体の表面積の比，体積の比を考えてみましょう。

> 相似な2つの立体で，相似比が $m:n$ ならば，
> - 表面積の比は，$m^2:n^2$（相似比の2乗に等しい。）
> - 体積の比は，$m^3:n^3$（相似比の3乗に等しい。）

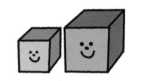

問題① 右の図で，三角柱PとQは相似です。

(1) PとQの表面積の比を求めましょう。

(2) Pの体積が $15\,cm^3$ のとき，Qの体積は何 cm^3 ですか。

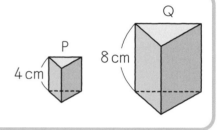

三角柱PとQは相似で，相似比は， $4:8=$ ❶□ $:$ ❷□ ← 立体の相似比も対応する辺の比

(1) 表面積の比は相似比の2乗に等しいから，

$(Pの表面積):(Qの表面積)=$ ❸□$^2:$ ❹□$^2=$ ❺□$:$ ❻□
<u>相似比の2乗</u>

(2) 体積の比は相似比の3乗に等しいから，

$(Pの体積):(Qの体積)=$ ❼□$^3:$ ❽□^{3}
<u>相似比の3乗</u>

$=$ ❾□$:$ ❿□

$15:(Qの体積)=$ ⓫□$:$ ⓬□

$(Qの体積)=$ ⓭□ (cm^3)

> **【相似な立体の性質】**
> 相似な立体では，
> - 対応する線分の長さの比はすべて等しい。
> - 対応する面はそれぞれ相似である。
> - 対応する角の大きさはそれぞれ等しい。

1 右の図で，円柱PとQは相似で，相似比は2：3です。次の問いに答えましょう。

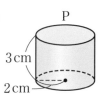
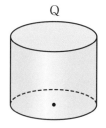

(1) PとQの表面積の比を求めましょう。また，Qの表面積は何cm²ですか。

3cm
2cm

(2) PとQの体積の比を求めましょう。また，Qの体積は何cm³ですか。

2 右の図のように，円錐を底面に平行な2つの平面で，高さが3等分されるように，3つの立体P，Q，Rに分けます。立体P，Q，Rの体積の比を求めましょう。

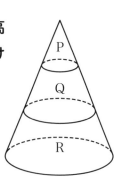

2 Pを円錐㋐，PとQを合わせた円錐を㋑，PとQとRを合わせた円錐を㋒とすると，円錐㋐，㋑，㋒は相似な立体で，相似比は1：2：3

復習テスト⑤

→ 答えは別冊17ページ

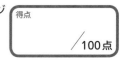

得点

／100点

 5章 相似

1 次の図で，x，yの値を求めましょう。 【各5点　計20点】

(1)　∠ABC＝∠ACD

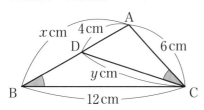

(2)　DE∥FG∥BC

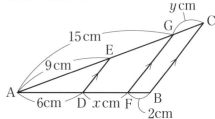

xの値〔　　　　　〕，yの値〔　　　　　〕　　xの値〔　　　　　〕，yの値〔　　　　　〕

2 次の図で，相似な三角形の組を見つけ，記号∽を使って表しましょう。また，その
ときに使った相似条件を答えましょう。 【各5点　計20点】

(1)

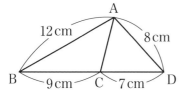

(2)

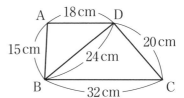

三角形の組〔　　　　　　　　〕　　　　三角形の組〔　　　　　　　　〕

相似条件　　　　　　　　　　　　　　　相似条件

〔　　　　　　　　　　　　　　〕　　〔　　　　　　　　　　　　　　〕

3 右の図の△ABCで，点Dは辺ABの中点，点E，Fは辺
ACを3等分する点です。BFとCDの交点をGとします。
BF＝8cmのとき，次の長さを求めましょう。

【各5点　計10点】

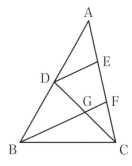

(1)　線分DE　　　　　　　(2)　線分BG

〔　　　　　〕　　　　　　　　　〔　　　　　〕

4 右の図の△ABCで，点Dは辺AB上の点，点Eは辺AC上の点です。このとき，△ABC∽△AEDであることを証明しましょう。 【16点】

（証明）

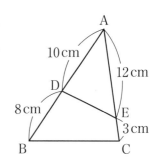

5 ビルから80m離れた地点Pからビルの先端Aを見上げたところ，水平方向に対して35°上に見えました。目の高さを1.5mとして，次の問いに答えましょう。

【各7点 計14点】

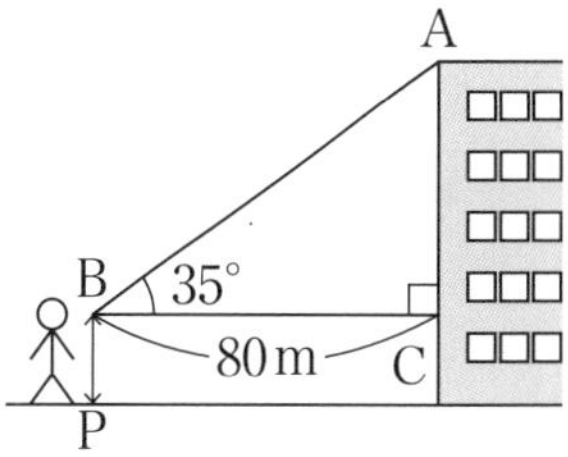

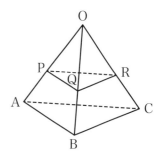

(1) 右の□に，△ABCの$\frac{1}{2000}$の縮図△A′B′C′をかきましょう。

(2) ビルの高さを求めましょう。

（縮図）

〔　　　〕

6 右の図の三角錐OABCで，OP：PA＝OQ：QB＝OR：RC＝3：2です。次の問いに答えましょう。 【各5点 計20点】

(1) △OPQと△OABの面積の比を求めましょう。また，△OPQの面積が27cm²のとき，△OABの面積は何cm²ですか。

面積の比〔　　　〕，△OABの面積〔　　　〕

(2) 三角錐OPQRと三角錐OABCの体積の比を求めましょう。また，三角錐OABCの体積が250cm³のとき，三角錐OPQRの体積は何cm³ですか。

体積の比〔　　　〕，三角錐OPQRの体積〔　　　〕

43 円周角の定理とは？

→ 答えは 別冊12ページ

右の図の円Oで，$\overset{\frown}{AB}$を除いた円周上に点Pをとるとき，∠APBを $\overset{\frown}{AB}$に対する**円周角**といいます。

また，$\overset{\frown}{AB}$を円周角∠APBに対する弧といいます。

円の中心角と円周角について，次の**円周角の定理**が成り立ちます。

円周角の定理

1つの弧に対する円周角の大きさは一定で，その弧に対する中心角の大きさの半分である。

$$\angle APB = \angle AQB = \frac{1}{2}\angle AOB$$

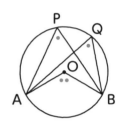

問題 ① 次の図で，∠x，∠yの大きさを求めましょう。

(1)

(2)

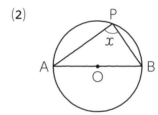

---

(1) ∠APBと∠AQBは，どちらも$\overset{\frown}{AB}$に対する円周角だから，

$$\angle x = \angle \boxed{}^{❶} = \boxed{}^{❷}° \quad \leftsquigarrow \angle APB = \angle AQB$$

∠APBと∠AOBは，$\overset{\frown}{AB}$に対する円周角と中心角だから，

$$\angle y = 2\angle APB = 2 \times \boxed{}^{❸}° = \boxed{}^{❹}° \quad \leftsquigarrow \angle APB = \frac{1}{2}\angle AOB$$

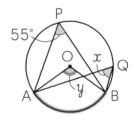

(2) ∠APBと∠AOBは，$\overset{\frown}{AB}$に対する円周角と中心角です。

ABは円Oの直径だから，∠AOB$=\boxed{}^{❺}°$

一直線の角

$$\angle x = \frac{1}{2}\angle AOB = \frac{1}{2} \times \boxed{}^{❻}° = \boxed{}^{❼}°$$

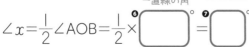

半円の弧に対する円周角は90°（直角）

基本練習

1 次の図で，∠x，∠yの大きさを求めましょう。

(1)

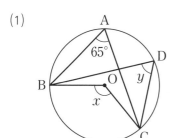

(2)

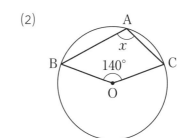

(3)

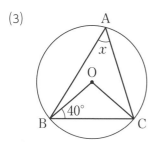

(4)

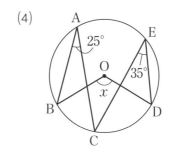

(5)

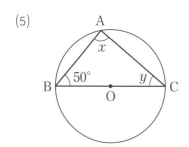

(6)

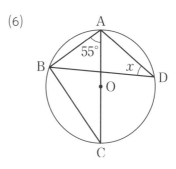

(4)点OとCを結び，弧BC，弧CDに対する円周角と中心角の関係を考える。

→ 答えは
別冊12ページ

44 円周角の定理の逆
同じ円周上にある点はどれ？

ことがら「○○○ならば□□□」で，仮定の部分○○○と結論の部分□□□を入れかえた「□□□ならば○○○」を，もとのことがらの<u>逆</u>といいましたね。

ここでは，<u>円周角の定理の逆</u>について考えてみましょう。

円周角の定理の逆

2点P，Qが直線ABについて同じ側にあって，

$\angle APB = \angle AQB$ ならば，

4点A，B，P，Qは1つの円周上にある。

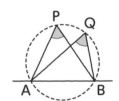

問題❶ 右の図で，$\angle x$，$\angle y$ の大きさを求めましょう。

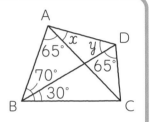

2点A，☐❶ が直線BCについて同じ側にあって，$\angle BAC = \angle$ ☐❷ だから，

4点A，B，C，Dは1つの円周上にあります。

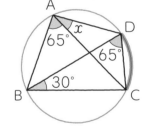

$\angle DAC$ と $\angle$ ☐❸ は，どちらも ◠☐❹ に対する円周角

だから，$\angle x = \angle$ ☐❺ $=$ ☐❻ $°$ ↰ $\angle DAC = \angle DBC$

$\triangle ABC$ で，$\angle ACB =$ ☐❼ $° - (65° + 70°) =$ ☐❽ $°$

↰ 三角形の内角の和は？

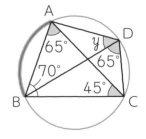

$\angle$ ☐❾ と $\angle ACB$ は，どちらも ◠☐❿ に対する円周角

だから，$\angle y = \angle$ ☐⑪ $=$ ☐⑫ $°$ ↰ $\angle ADB = \angle ACB$

1
章

2
章

3
章

4
章

5
章

6
章
円

7
章

8
章

1 右の図で，∠x，∠yの大きさを求めましょう。

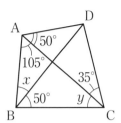

2 右の図の△ABCで，点B，Cから辺AC，ABに垂線
をひき，その交点をそれぞれD，Eとします。
このとき，4点B，C，D，Eは1つの円周上にある
ことを証明しましょう。

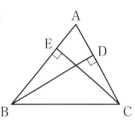

（証明）

1 まず，4点A，B，C，Dが1つの円周上にあることを示す。

もっとくわしく 円周角と弧の定理

1つの円で，
①等しい弧に対する円周角は等しい。
右の図で，$\overset{\frown}{AB}=\overset{\frown}{CD}$ならば∠APB＝∠CQD

②等しい円周角に対する弧は等しい。
右の図で，∠APB＝∠CQDならば$\overset{\frown}{AB}=\overset{\frown}{CD}$

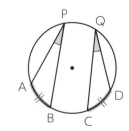

弧の長さに
注目しよう！

45 円周角の定理を使って

→ 答えは
別冊13ページ

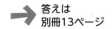

　円と三角形を組み合わせた図形の証明問題の登場です。円周角の定理や円の性質を使って，等しい角を見つけ，三角形の相似を証明してみましょう。

> **問題 ❶** 右の図のように，円Oの周上に３つの頂点
> A，B，Cをもつ△ABCがあります。
> AB⊥CEのとき，△ABC∽△AEDである
> ことを証明しましょう。

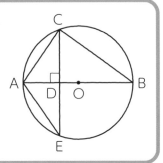

【証明】 △ABCと△AEDにおいて，

　　∠ABCと∠❶□□□は，どちらも❷⌒□□に対する

　円周角だから，

　　　∠ABC＝∠❸□□□　　　……①

　　∠ACBは❹□□の弧に対する円周角だから，

　　　∠ACB＝❺□□°　　　……②

　AB⊥CEだから，∠ADE＝❻□□°　　　……③

　②，③より，∠ACB＝∠❼□□□　　　……④

　①，④より，❽□□□□□□□□□□□がそれぞれ等しいから，

　　　　　　　↖ 三角形の相似条件

　　△ABC∽△AED

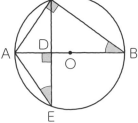

> 円と三角形の相似の証明
> 問題では，2組の等しい角
> を見つけることがポイント！

1 右の図のように，円周上に４つの点A，B，C，D
があります。ACとBDとの交点をEとします。
$\overset{\frown}{AB}=\overset{\frown}{AD}$であるとき，△ABC∽△DECであるこ
とを証明しましょう。

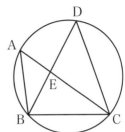

（証明）

😃 **ポイント** 「１つの円で，等しい弧に対する円周角は等しい」ことを利用する。

もっと👀くわしく　円の接線の作図

円○とその外部に点Pがあるとき，点Pを通る円○の接線は，「半円の弧に対する円周角は90°
である」ことを利用して，次のように作図できます。

【作図】

①２点P，○を結ぶ。

②線分P○の垂直二等分線をかき，P○との交点をMとする。

③点Mを中心として半径PMの円をかき，円○との交点を
　A，Bとする。

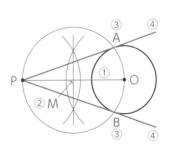

④直線PA，PBをかく。

右の図で，線分PAまたはPBの長さを，点Pから円○に
ひいた接線の長さといいます。

円外の１点から，その円にひいた２つの接線の長さは等しくなります。（PA＝PB）

→ 答えは別冊18ページ

復習テスト❻

6章 円

1 右の図で，4点A，B，C，Dは円O周上の点で，AB＝ACです。∠DBC＝40°のとき，次の角の大きさを求めましょう。 【各5点 計10点】

(1) ∠BAC

〔　　　　　〕

(2) ∠ACD

〔　　　　　〕

2 次の図で，∠xの大きさを求めましょう。 【各10点 計40点】

(1)

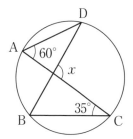

〔　　　　　〕

(2)

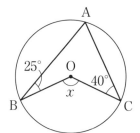

〔　　　　　〕

(3)

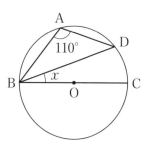

〔　　　　　〕

(4) AB＝AD

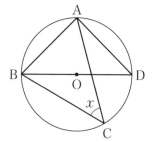

〔　　　　　〕

3

右の図で，∠xの大きさを求めましょう。　【10点】

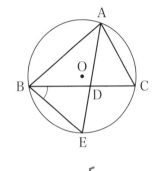

〔　　　　　〕

4

右の図のように，円Oの周上に3点A，B，Cをとり，△ABCをつくります。∠BACの二等分線をひき，BC，円Oとの交点をそれぞれD，Eとします。次の問いに答えましょう。　【(1)5点，(2)15点　計20点】

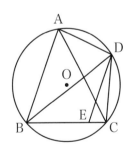

(1)　∠BAC＝80°のとき，∠CBEの大きさを求めましょう。

〔　　　　　〕

(2)　△ABE∽△ADCであることを証明しましょう。

（証明）

5

右の図で，4点A，B，C，Dは円Oの周上の点です。点Dを通り，ABと平行な直線をひき，BCとの交点をEとします。このとき，△ACD∽△BDEであることを証明しましょう。　【20点】

（証明）

46 三平方の定理とは？

三平方の定理

→ 答えは
別冊13ページ

直角三角形の３つの辺の長さの間には，**三平方の定理**という定理が成り立ちます。
三平方の定理を使うと，２辺の長さから残りの１辺の長さを求めることができます。

> **三平方の定理**
> 直角三角形の直角をはさむ２辺の長さをa，b，
> 斜辺の長さをcとするとき，$a^2+b^2=c^2$

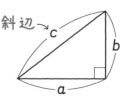

問題 ❶ 下の図の直角三角形ABCで，xの値を求めましょう。

(1)
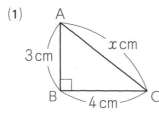
3 cm, x cm, 4 cm

(2)
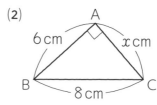
6 cm, x cm, 8 cm

---

(1) 直角三角形ABCで， $\underset{\text{直角をはさむ2辺}}{\underline{AB^2+BC^2}}=\underset{\text{斜辺}}{AC^2}$

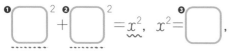

❶$\boxed{}^2$ ❷$+\boxed{}^2=x^2$, $x^2=$❸$\boxed{}$, $x=\pm$❹$\boxed{}$

正の数の平方根は
2つある。

$x>0$だから， $x=$❺$\boxed{}$（cm） ← xは辺の長さだから，正の数である。

> 平方根の考え方を使って，
> 2次方程式を解けば
> いいね。

---

(2) 直角三角形ABCで， $\underset{\text{直角をはさむ2辺}}{\underline{AB^2+AC^2}}=\underset{\text{斜辺}}{BC^2}$

❻$\boxed{}^2+x^2=$❼$\boxed{}^2$, $x^2=$❽$\boxed{}$, $x=\pm\sqrt{\text{❾}\boxed{}}$, $x=\pm$❿$\boxed{}\sqrt{\text{⓫}\boxed{}}$

$\sqrt{}$の中ができるだけ小さな
自然数になるように変形する。

$x>0$だから， $x=$⓬$\boxed{}$（cm） ← xは辺の長さだから，
正の数である。

基本練習

1 次の図の直角三角形で，xの値を求めましょう。

(1)

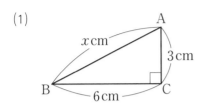

(2)

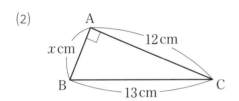

(3)

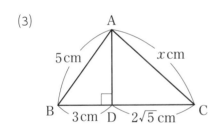

😀 ⑶まず△ABDで，ADの長さを求め，次に△ADCで，ACの長さを求める。

もっとくわしく　整数になる 3 辺の比

3辺の比が整数になるような直角三角形には，次のようなものがあります。

● 3：4：5　　● 5：12：13　　● 8：15：17

　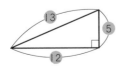　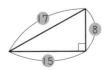　

覚えると便利

このほかにも，7：24：25，20：21：29 などの 3 辺の比があります。

47 直角三角形になるためには

→ 答えは 別冊13ページ

三平方の定理では，その逆も成り立ちます。**三平方の定理の逆**を使って，3辺の長さが与えられた三角形が，直角三角形であるかどうか調べてみましょう。

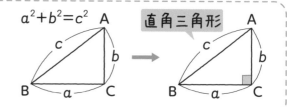

三平方の定理の逆
△ABCで，$a^2+b^2=c^2$ ならば，
△ABCは長さ c の辺を斜辺とする
直角三角形である。（$\angle C=90°$）

$a^2+b^2=c^2$ A → 直角三角形 A

問題① 次の長さをそれぞれ3辺とする三角形で，直角三角形はどちらですか。

㋐ 5cm，7cm，9cm   ㋑ 6cm，8cm，10cm

㋐ $a=5$，$b=$ ❶□，$c=$ ❷□ とすると， 〜直角三角形の斜辺 c は，3辺のうちでいちばん長い辺である。

$a^2+b^2=5^2+$ ❸□^{2} $=25+$ ❹□ $=$ ❺□

$c^2=$ ❻□^{2} $=$ ❼□

よって，$a^2+b^2=c^2$ が ❽□ 。 〜成り立つ？　成り立たない？

㋑ $a=6$，$b=$ ❾□，$c=$ ❿□ とすると，

$a^2+b^2=6^2+$ ⓫□^{2} $=36+$ ⓬□ $=$ ⓭□

$c^2=$ ⓮□^{2} $=$ ⓯□

よって，$a^2+b^2=c^2$ が ⓰□ 。〜成り立つ？　成り立たない？

したがって，直角三角形は ⓱□

三角形は，
3辺の長さがわかれば，
直角三角形であるか
どうか判断できるよ。

1 次の長さをそれぞれ３辺とする三角形のうち，直角三角形はどれですか。すべて選び，記号で答えましょう。

⑦　$2\,\mathrm{cm}$，　$4\,\mathrm{cm}$，　$\sqrt{6}\,\mathrm{cm}$

④　$3\,\mathrm{cm}$，　$4\,\mathrm{cm}$，　$\sqrt{7}\,\mathrm{cm}$

⑨　$3\,\mathrm{cm}$，　$\sqrt{3}\,\mathrm{cm}$，　$\sqrt{5}\,\mathrm{cm}$

⑨　$6\,\mathrm{cm}$，　$2\sqrt{3}\,\mathrm{cm}$，　$2\sqrt{6}\,\mathrm{cm}$

 いちばん長い辺がわかりにくいときは，それぞれの辺の長さを2乗した数で比べる。

48 平面図形への利用①
平面図形と三平方の定理①

➜ 答えは別冊13ページ

三平方の定理は，いろいろな図形の線分の長さを求めるときによく利用されます。まず，正方形の対角線の長さや，正三角形の高さの求め方を考えてみましょう。

問題❶ 下の図で，正方形の対角線の長さと正三角形の高さを求めましょう。

(1)

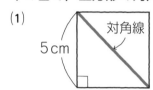

5cm
対角線

(2)

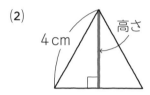

4cm
高さ

図形の中にある直角三角形を見つけ，三平方の定理を利用します。

(1) 右の図で，△ABCは直角三角形だから，

$AB^2+BC^2=AC^2$

対角線ACの長さをx cmとすると，

A
x cm
5cm
B
5cm
C

$x^2=5^2+$ ❶$\square^2$ $=25+$ ❷$\square$ $=$ ❸$\square$

$x>0$ だから，$x=\sqrt{❹\square}=❺\square\sqrt{❻\square}$ (cm)

xは線分の長さだから，正の数である。

$\sqrt{}$ の中ができるだけ小さな自然数になるように変形する。

(2) 右の図で，△ABHは直角三角形だから，

$AH^2+BH^2=AB^2$

点Hは辺BCの中点だから，

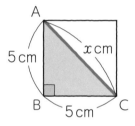

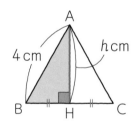

二等辺三角形の頂点から底辺にひいた垂線は，底辺を2等分する。

A
4cm
h cm
B
H
C

$BH=$ ❼$\square$ $\div 2=$ ❽$\square$ (cm)

高さAHをh cmとすると，

h^2+ ❾$\square^2$ $=$ ❿$\square^2$，$h^2=$ ⓫$\square$

$h>0$ だから，$h=\sqrt{⓬\square}=⓭\square\sqrt{⓮\square}$ (cm)

まず直角を
さがしてみよう。

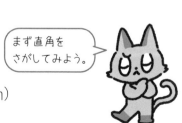

基本練習

1 次の長さを求めましょう。

(1) 長方形ABCDの対角線BD

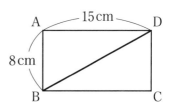

(2) 二等辺三角形ABCの高さAH

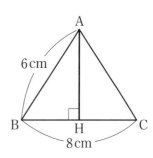

(1)は△ABDで，(2)は△ABHで，三平方の定理を利用する。

もっと くわしく　特別な直角三角形の3辺の比

問題1から，特別な直角三角形の3辺の比について，次のようなことが成り立ちます。

● 3つの角が
45°, 45°, 90°
の直角三角形(直角二等
辺三角形)の3辺の比は，

$1:1:\sqrt{2}$

問題1(1)の△ABCですね。

● 3つの角が
30°, 60°, 90°
の直角三角形の3辺の
比は，

$2:1:\sqrt{3}$

問題1(2)の△ABHですね。

1組の三角定規は，この2つの直角三角形が組になっています。

49 平面図形と三平方の定理②

→ 答えは
別冊14ページ

今回は，問題文の図をかいて，その図の中に直角三角形を見つけて三平方の定理を利用します。

問題 ① 半径7cmの円Oで，中心Oからの距離が5cmである弦ABの長さを求めましょう。

円Oと弦ABの関係は，右の図のようになります。

△OAHは直角三角形だから，　📎 中心Oから弦ABに垂線をひき，ABとの交点をHとする。

$$AH^2 + OH^2 = OA^2$$

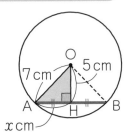

AH＝$x$cmとすると，

$$x^2 + \boxed{}^{❶2} = \boxed{}^{❷2}, \quad x^2 = \boxed{}^{❸}$$

$x > 0$だから，$x = \sqrt{\boxed{}^{❹}} = \boxed{}^{❺}\sqrt{\boxed{}^{❻}}$

円の中心Oから弦ABにひいた垂線OHは，ABを2等分するから，

$$AB = 2AH = 2 \times \boxed{}^{❼}\sqrt{\boxed{}^{❽}} = \boxed{}^{❾}\sqrt{\boxed{}^{❿}} \text{(cm)}$$

問題 ② 2点A(2, 3)，B(8, 7)間の距離を求めましょう。

右の図のように，線分ABを斜辺とし，他の2辺が座標軸に平行な直角三角形ABCをつくります。

直角三角形ABCで，

$$AC = 8 - \boxed{}^{⓫} = \boxed{}^{⓬}$$ 　📎 点Cのx座標－点Aのx座標

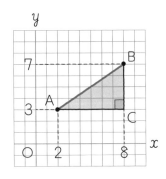

$$BC = 7 - \boxed{}^{⓭} = \boxed{}^{⓮}$$ 　📎 点Bのy座標－点Cのy座標

よって，$AB^2 = \boxed{}^{⓯2} + \boxed{}^{⓰2} = \boxed{}^{⓱}$ 　📎 $AB^2 = AC^2 + BC^2$

$AB > 0$だから，$AB = \sqrt{\boxed{}^{⓲}} = \boxed{}^{⓳}\sqrt{\boxed{}^{⓴}}$

基本練習

1 右の図の半径８cmの円Ｏで，中心Ｏからの距離が
６cmである弦ABの長さを求めましょう。

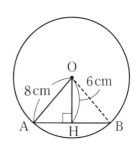

2 右の図のような半径２cmの円Ｏがありま
す。中心Ｏから６cmの距離にある点Aから
円Ｏにひいた接線APの長さを求めましょう。

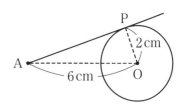

3 ２点A(−１，−４)，B(6，5)間の距離を求めましょう。

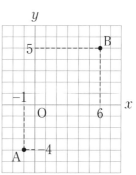

😀 ポイント **2** 円の接線は，接点を通る半径に垂直だから，∠APO＝90°

空間図形と三平方の定理①

→ 答えは 別冊14ページ

三平方の定理は，立体の線分の長さを求めるときにもよく使われます。平面図形のときと同じように，図の中に隠れている直角三角形を見つけることがポイントになります。

問題 ❶　右の直方体の対角線AGの長さを
求めましょう。

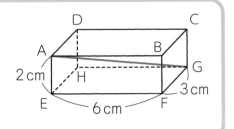

まず，対角線AGを１辺とする直角三角形を探します。

右の図より，△❶□□□□□ があります。

AEの長さはわかっているので，EGの長さがわかれば，AGの長さを求められます。

そこで次は，線分EGを１辺とする直角三角形を探します。

右の図より，△❷□□□□□ があります。

これより，線分EG，AGの順に求めていけばよいことがわかります。

△EFGは直角三角形だから，

$EG^2 = \boxed{}^{❸2} + \boxed{}^{❹2}$ ……①　←　$EF^2 + FG^2 = EG^2$

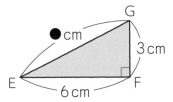

△AEGは直角三角形だから，

$AG^2 = EG^2 + \boxed{}^{❺2}$ ……②　←　$EG^2 + AE^2 = AG^2$

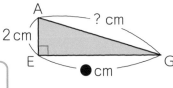

①，②から，$AG^2 = \left(\underbrace{\boxed{}^{❻2} + \boxed{}^{❼2}}_{EG^2} \right) + \underbrace{\boxed{}^{❽2}}_{AE^2} = \boxed{}^{❾}$

AG＞0だから，$AG = \sqrt{\boxed{}^{❿}} = \boxed{}^{⓫}$ （cm）

線分EGをひくと，
2つの直角三角形
が見つかったね。

基本練習

1 次の長さを求めましょう。

(1) 右の直方体の対角線AGの長さ

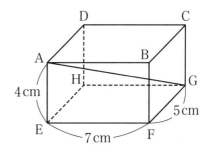

(2) 右の立方体の対角線AGの長さ

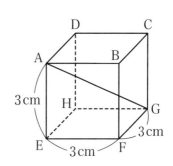

AGを斜辺とする直角三角形は△AEG，EGを斜辺とする直角三角形は△EFG。

もっとくわしく 直方体と立方体の対角線の長さ

問題❶の直方体の対角線AGの長さは，$AG=\sqrt{FG^2+EF^2+AE^2}$

という式に表すことができますね。

つまり，直方体の対角線の長さは，次の式で求められます。

（直方体の対角線の長さ）$=\sqrt{(縦)^2+(横)^2+(高さ)^2}$

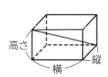

また，立方体は，縦，横，高さがどれも等しい直方体と考えることができるので，立方体の対角線の長さは，次の式で求められます。

（立方体の対角線の長さ）$=\sqrt{(1辺)^2+(1辺)^2+(1辺)^2}$

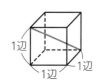

51

空間図形と三平方の定理②

→ 答えは
別冊14ページ

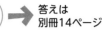

三平方の定理は，角錐や円錐の高さを求めるときにもよく利用されます。

問題① 右の図は，底面が1辺4cmの正方形で，他の辺が6cmの正四角錐です。この正四角錐の体積を求めましょう。

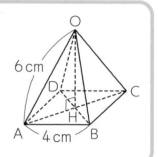

　この正四角錐の底面積は求めることができるので，あとは高さがわかれば，体積を求めることができます。まず，三平方の定理を使って，高さOHを求めてみましょう。

AHの長さを求める	△ABCは直角三角形だから， $AC^2 = 4^2 + 4^2 = \boxed{①}$　↶ $AC^2 = AB^2 + BC^2$ AC＞0だから， $AC = \sqrt{\boxed{②}} = \boxed{③}\sqrt{\boxed{④}}$ (cm)　↶ $AB : AC = 1 : \sqrt{2}$ を利用してもよい。 点HはACの中点だから，$AH = \dfrac{1}{2} \times \boxed{⑤} = \boxed{⑥}$ (cm)

OHの長さを求める	△OAHは直角三角形だから， $OH^2 = 6^2 - \left(\boxed{⑦}\right)^2 = 36 - \boxed{⑧} = \boxed{⑨}$ <u>OA² − AH²</u> OH＞0だから， $OH = \sqrt{\boxed{⑩}} = \boxed{⑪}\sqrt{\boxed{⑫}}$ (cm)

正四角錐の体積を求める	（角錐の体積）$= \dfrac{1}{3} \times$（底面積）$\times$（高さ）だから， $\dfrac{1}{3} \times 4^2 \times \boxed{⑬} = \boxed{⑭}$ (cm³)

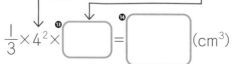

角錐の体積の公式では，$\dfrac{1}{3}$のかけ忘れに注意してね。

基本練習

1 右の図の正四角錐について，次の問いに答えましょう。

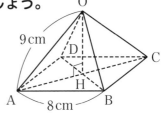

(1) 高さOHを求めましょう。

(2) 体積を求めましょう。

2 右の図の円錐について，次の問いに答えましょう。

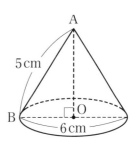

(1) 高さAOを求めましょう。

(2) 体積を求めましょう。

 1章
 2章
 3章
 4章
 5章
6章
 6章
 7章 三平方の定理
8章

1 は線分OHをふくむ直角三角形，**2** は線分AOをふくむ直角三角形に着目する。

復習テスト ❼

→ 答えは別冊19ページ

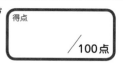

1

次の図の直角三角形で，xの値を求めましょう。　　　　　【各5点　計10点】

(1)
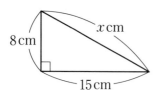
8 cm　　x cm　　15 cm

(2)
7 cm　　x cm　　9 cm

〔　　　　　　　〕　　　　　　　〔　　　　　　　〕

2

次の長さをそれぞれ3辺とする三角形のうち，直角三角形はどれですか。すべて選び，記号で答えましょう。　　　　　【10点】

㋐　2cm, 4cm, $2\sqrt{3}$ cm

㋑　5cm, 7cm, 9cm

㋒　2cm, 3cm, $\sqrt{7}$ cm

㋓　6cm, $2\sqrt{2}$ cm, $2\sqrt{7}$ cm

〔　　　　　　　〕

3

次の問いに答えましょう。　　　　　【各10点　計20点】

(1) 右の図で，長方形ABCDの対角線ACの長さを求めましょう。

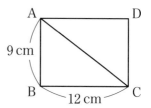

9 cm　　12 cm

〔　　　　　　　〕

(2) 右の図で，二等辺三角形ABCの面積を求めましょう。

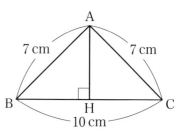

7 cm　　7 cm　　10 cm

〔　　　　　　　〕

4

次の問いに答えましょう。

(1) 半径9cmの円Oで，弦ABの長さが12cmのとき，円の中心Oと弦ABとの距離を求めましょう。

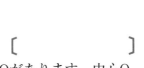

[　　　　　]

(2) 右の図のような半径5cmの円Oがあります。中心Oから13cmの距離にある点Aから円Oにひいた接線APの長さを求めましょう。

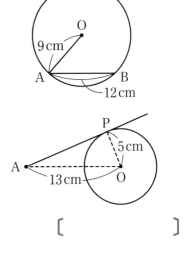

[　　　　　]

(3) 2点A(−3，−2)，B(7，4)間の距離を求めましょう。

[　　　　　]

(4) 右の直方体の対角線AGの長さを求めましょう。

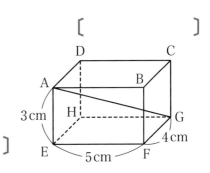

[　　　　　]

5

右の図は，底面が1辺6cmの正方形で，他の辺が9cmの正四角錐です。次の問いに答えましょう。

(1) 高さOHを求めましょう。

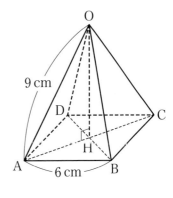

[　　　　　]

(2) 正四角錐の体積を求めましょう。

[　　　　　]

52 どんな調査をしているのかな？

→ 答えは
別冊14ページ

わたしたちの身のまわりにはいろいろな調査や検査があります。

例えば，学校での健康診断は生徒全員について調べます。このように全部について調べることを**全数調査**といいます。

一方，世論調査では，一部の人たちについて調べて，そこから全体のようすを推測します。このような調べ方を**標本調査**といいます。

問題 ❶ 次の調査は，全数調査と標本調査のどちらで行うのが適切ですか。

　㋐　学校での体力測定　　　　　㋑　テレビ番組の視聴率調査

　㋒　レトルト食品の品質検査　　㋓　航空機に乗るための手荷物検査

㋐は，全部の生徒について行う必要があり，㋓は，航空機に乗る全部の乗客について行う必要があります。

　よって，㋐，㋓は❶□□□□調査が適切です。

㋑は，全数調査では多くの費用や時間がかかってしまい，㋒は，全数調査では販売する製品がなくなってしまいます。

　よって，㋑，㋒は❷□□□□調査が適切です。

問題 ❷ ある中学校では，全校生徒825人から，無作為に50人の生徒を選び，アンケートを行いました。この調査の**母集団**と**標本**を答えましょう。また，標本の大きさはいくつですか。

標本調査を行うとき，ようすを知りたい集団全体を**母集団**といいます。また，その一部分として取り出し，実際に調べたものを**標本**といい，取り出したデータの個数を**標本の大きさ**といいます。

　母集団は❸□□□□□□，標本は❹□□□□□□。

　標本の大きさは，❺□□。

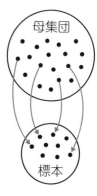

母集団

標本

基本練習

1 次の調査は，全数調査と標本調査のどちらで行うのが適切ですか。

(1) 牛乳の品質検査

(2) 学校での視力検査

(3) 新聞社が行う内閣の支持率調査

(4) コンサート入場者の手荷物検査

2 ある食品工場では，製品の品質検査をするために，毎日，生産された製品から20個を選んで検査しています。この検査の母集団と標本を答えましょう。また，標本の大きさはいくつですか。

☺ ⚡ **1** 標本調査は，全数調査では多くの費用，時間がかかる場合や，調べることで製品が販売できなくなる場合などに行われる。

もっと💡くわしく　無作為に抽出するとは？

標本は，母集団の性質をよく表せるように，かたよりなく選び出すことがたいせつです。このように，標本を選び出すことを
「無作為に抽出する」または「任意に抽出する」
といいます。

無作為に抽出するには，同じ確率で選ばれるような方法を利用します。
そのために，乱数さい，乱数表，コンピュータの表計算ソフトなどを使う方法があります。

53 標本調査を使って推定しよう

→ 答えは
別冊15ページ

標本調査を使った推定の手順

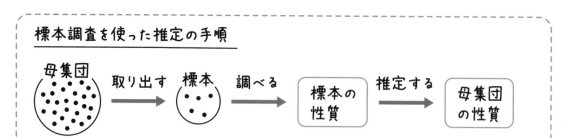

問題❶ 箱の中に白玉だけがたくさん入っています。白玉の個数を，次のような方法で調べました。
- 白玉と同じ大きさの赤玉200個を箱の中に入れ，よくかき混ぜます。
- 箱の中から50個の玉を取り出して調べたら，その中に赤玉が5個ありました。

箱の中の白玉の個数はおよそ何個ですか。

取り出した50個の玉を ❶〔　　　〕，箱の中の全部の玉を ❷〔　　　〕と考えます。

母集団?標本?　　　　　　　母集団?標本?

まず，標本における赤玉と白玉の個数の比を求めます。

（赤玉の個数）：（白玉の個数）＝5：❸〔　　〕＝1：❹〔　　〕

50個のうちの何個?

🔍 できるだけ簡単な
整数の比に直す。

これより，母集団における赤玉と白玉の個数の比も1：❺〔　　〕と考えられます。

よって，箱の中の白玉の個数をx個とすると，

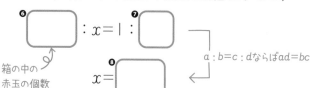

❻〔　　〕：x＝1：❼〔　　〕

箱の中の
赤玉の個数

$a:b=c:d$ならば$ad=bc$

$x=$ ❽〔　　〕

母集団における個数の割合は，標本における個数の割合に等しいと考えていいよ。

したがって，白玉の個数はおよそ ❾〔　　〕個と推定することができます。

1 箱の中に白玉だけがたくさん入っています。この箱の中に，白玉と同じ大きさの赤玉を100個入れ，よくかき混ぜます。そして，箱の中から40個の玉を無作為に取り出したところ，その中に赤玉が5個入っていました。はじめに箱の中に入っていた白玉はおよそ何個と考えられますか。

2 ある池にいるコイの数を調べるために，コイを37匹捕獲して全部に印をつけて，池にかえしました。2週間後，再びコイを60匹捕獲したら，印のついたコイが9匹ふくまれていました。この池にはおよそ何匹のコイがいると推定できますか。四捨五入して，十の位までの概数で答えましょう。

😀 ポイント **2** 池のコイ(母集団)と捕獲した60匹のコイ(標本)で，印のついたコイの割合はほぼ等しい。

もっとくわしく　母集団と標本の平均

標本から推定した母集団の性質と実際の母集団の性質は，ほぼ同じといえるでしょうか？

平均値を例にして考えてみましょう。
右の図は，あるデータについて，標本の大きさを変えてそれぞれ10回ずつ無作為に抽出して，平均値を求め，箱ひげ図に表したものです。

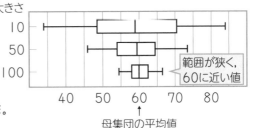

データ全体の実際の平均値を調べたら60でした。
箱ひげ図から，標本の大きさが大きくなるほど，標本の平均値は，母集団の平均値に近づいていくことがわかります。

1

次の調査は, 全数調査と標本調査のどちらで行うのが適切ですか。

【各5点 計20点】

(1) タイヤの耐久時間の検査

[   ]

(2) 学校での身体測定

[   ]

(3) ある河川の水質調査

[   ]

(4) 国勢調査

[   ]

2

ある市の中学生3815人について, 夏休みに読んだ本の冊数を調べることになりました。200人の生徒を選び出して標本調査を行うとき, 次の問いに答えましょう。

【(1)5点, (2)各5点, (3)10点 計30点】

(1) 標本の選び方として適切なものを, 次の⑦〜⑤のうちから1つ選んで記号で答えましょう。ただし, くじ引きを行うとき, 生徒の選ばれ方は同様に確からしいものとします。

⑦ 女子生徒の中からくじ引きで200人を選ぶ。

⑦ 中学生全員の中からくじ引きで200人を選ぶ。

⑤ 国語が得意と答えた生徒の中からくじ引きで200人を選ぶ。

⑤ 運動部に所属している生徒の中からくじ引きで100人で選び, 文化部に所属している生徒の中からくじ引きで100人を選ぶ。

[   ]

(2) この標本調査の母集団と標本を答えましょう。また, 標本の大きさはいくつですか。

母集団 [   ], 標本 [   ]

標本の大きさ [   ]

(3) 選び出した200人のうち, 5冊以上の本を読んだ生徒は40人でした。この市の中学生で, 夏休みに5冊以上の本を読んだ生徒はおよそ何人と考えられますか。十の位までの概数で答えましょう。

[   ]

126

3 袋の中に青玉と白玉が合わせて500個入っています。袋の中をよくかき混ぜてから20個の玉を無作為に取り出して，青玉の個数を数えて袋の中にもどします。

下の表は，この作業を10回行ったときの取り出した青玉の個数を表したものです。

1回目	2回目	3回目	4回目	5回目	6回目	7回目	8回目	9回目	10回目
5	8	4	6	3	9	7	6	5	7

【(1)5点，(2)10点　計15点】

(1) 取り出した青玉の個数の平均値を求めましょう。

〔　　　　　　　〕

(2) 袋の中に青玉はおよそ何個あると考えられますか。

〔　　　　　　　〕

4 箱の中に白玉だけがたくさん入っています。この箱の中に，白玉と同じ大きさの赤玉を25個入れ，よくかき混ぜます。そして，箱の中から60個の玉を無作為に取り出したところ，その中に赤玉が3個入っていました。　【(1)5点，(2)10点　計15点】

(1) 取り出した60個の玉における赤玉と白玉の個数の比を求めましょう。

〔　　　　　　　〕

(2) はじめに箱の中に入っていた白玉はおよそ何個と考えられますか。四捨五入して，十の位までの概数で答えましょう。

〔　　　　　　　〕

5 箱の中に同じ大きさのクリップがたくさん入っています。この箱の中のクリップの数を，標本調査を使って推定することにしました。箱の中からクリップを250個取り出して，その全部に印をつけてもとの箱にもどします。よくかき混ぜた後，箱の中からクリップを150個取り出したところ，その中に印のついたクリップが9個ありました。はじめに箱の中に入っていたクリップはおよそ何個と考えられますか。四捨五入して，百の位までの概数で答えましょう。　【20点】

〔　　　　　　　〕

127

中3数学をひとつひとつわかりやすく。 改訂版

本書は，個人の特性にかかわらず，内容が伝わりやすい配色・デザインに配慮し，
メディア・ユニバーサル・デザインの認証を受けました。

MUD
P10411

編集協力
(有)アズ

カバーイラスト・シールイラスト
坂木浩子

本文イラスト
德永明子
さとうさなえ

ブックデザイン
山口秀昭 (Studio Flavor)

メディア・ユニバーサル・デザイン監修
NPO法人メディア・ユニバーサル・デザイン協会　伊藤裕道

DTP
㈱四国写研

中3数学を
ひとつひとつわかりやすく。
［改訂版］

 解答と解説

Gakken

01 多項式と単項式のかけ算とわり算

本文 6・7 ページ

6ページの答え

① $2a$ ② $3b$ ③ $8a^2+12ab$ ④ $-\dfrac{1}{3a}$ ⑤ $-3a$

⑥ $-3a$ ⑦ $-4a-3b$ ⑧ $\dfrac{5}{2xy}$ ⑨ $2xy$ ⑩ $2xy$

⑪ $10x-15y$

7ページの答え

1 次の計算をしましょう。

(1) $5a(b+2)$
$=5a\times b+5a\times 2$
$=5ab+10a$

(2) $-2x(4x-3y)$
$=-2x\times 4x-2x\times(-3y)$
$=-8x^2+6xy$

(3) $(4x+5y)\times(-7y)$
$=4x\times(-7y)+5y\times(-7y)$
$=-28xy-35y^2$

(4) $\dfrac{1}{3}a(6a-9b)$
$=\dfrac{1}{3}a\times 6a-\dfrac{1}{3}a\times 9b$
$=2a^2-3ab$

(5) $(6a^2+4a)\div 2a$
$=(6a^2+4a)\times\dfrac{1}{2a}$
$=6a^2\times\dfrac{1}{2a}+4a\times\dfrac{1}{2a}$
$=3a+2$

(6) $(3x^2-15xy)\div(-3x)$
$=(3x^2-15xy)\times\left(-\dfrac{1}{3x}\right)$
$=3x^2\times\left(-\dfrac{1}{3x}\right)-15xy\times\left(-\dfrac{1}{3x}\right)$
$=-x+5y$

(7) $(2ab+5b^2)\div\left(-\dfrac{1}{4}b\right)$
$=(2ab+5b^2)\times\left(-\dfrac{4}{b}\right)$
$=2ab\times\left(-\dfrac{4}{b}\right)+5b^2\times\left(-\dfrac{4}{b}\right)$
$=-8a-20b$

(8) $(8x^2y-6xy^2)\div\dfrac{2}{3}xy$
$=(8x^2y-6xy^2)\times\dfrac{3}{2xy}$
$=8x^2y\times\dfrac{3}{2xy}-6xy^2\times\dfrac{3}{2xy}$
$=12x-9y$

02 多項式どうしのかけ算

本文 8・9 ページ

8ページの答え

① ac ② ad ③ bc ④ bd ⑤ $-3x$ ⑥ $+2y$

⑦ -6 ⑧ $8a$ ⑨ a ⑩ $9a$

9ページの答え

1 次の式を展開しましょう。

(1) $(a-b)(c-d)$
$=a\times c+a\times(-d)$
$\quad -b\times c-b\times(-d)$
$=ac-ad-bc+bd$

(2) $(x+4)(y+5)$
$=x\times y+x\times 5+4\times y+4\times 5$
$=xy+5x+4y+20$

(3) $(a+3)(b-7)$
$=a\times b+a\times(-7)$
$\quad +3\times b+3\times(-7)$
$=ab-7a+3b-21$

(4) $(x+1)(x+7)$
$=x\times x+x\times 7+1\times x+1\times 7$
$=x^2+7x+x+7$
$=x^2+8x+7$

(5) $(2x-1)(x-2)$
$=2x\times x+2x\times(-2)$
$\quad -1\times x-1\times(-2)$
$=2x^2-4x-x+2$
$=2x^2-5x+2$

(6) $(a-b)(3a+2b)$
$=a\times 3a+a\times 2b$
$\quad -b\times 3a-b\times 2b$
$=3a^2+2ab-3ab-2b^2$
$=3a^2-ab-2b^2$

03 $(x+a)(x+b)$ の展開は？

本文 10・11 ページ

10ページの答え

① bx ② ax ③ $a+b$ ④ 2 ⑤ 5 ⑥ 2 ⑦ 5

⑧ 7 ⑨ 10 ⑩ 3 ⑪ -4 ⑫ 3 ⑬ -4

⑭ a^2-a-12

11ページの答え

1 次の式を展開しましょう。

(1) $(x+2)(x+3)$
$=x^2+\underbrace{(2+3)}_{和}x+\underbrace{2\times 3}_{積}$
$=x^2+5x+6$

(2) $(x+6)(x-4)$
$=x^2+\{6+(-4)\}x+6\times(-4)$　負の数はかっこをつける。
$=x^2+2x-24$

(3) $(a-8)(a+5)$
$=a^2+\{(-8)+5\}a$
$\quad +(-8)\times 5$
$=a^2-3a-40$

(4) $(y-1)(y-7)$
$=y^2+\{(-1)+(-7)\}y$
$\quad +(-1)\times(-7)$
$=y^2-8y+7$

(5) $(x+9)(x-10)$
$=x^2+\{9+(-10)\}x$
$\quad +9\times(-10)$
$=x^2-x-90$

(6) $(b-7)(b-8)$
$=b^2+\{(-7)+(-8)\}b$
$\quad +(-7)\times(-8)$
$=b^2-15b+56$

04 $(x+a)^2$ の展開は？

本文 12・13 ページ

12ページの答え

① a ② a ③ a ④ a ⑤ $2a$ ⑥ a^2 ⑦ 4 ⑧ 4

⑨ $x^2+8x+16$ ⑩ 6 ⑪ 6 ⑫ $x^2-12x+36$

13ページの答え

1 次の式を展開しましょう。

(1) $(x+3)^2$
$=x^2+\underset{2倍}{2\times 3}\times x+\underset{2乗}{3^2}$
$=x^2+6x+9$

(2) $(a+8)^2$
$=a^2+2\times 8\times a+8^2$
$=a^2+16a+64$

(3) $(y-5)^2$
$=y^2\underset{負}{-}2\times 5\times y\underset{正}{+}5^2$
$=y^2-10y+25$

(4) $(x-7)^2$
$=x^2-2\times 7\times x+7^2$
$=x^2-14x+49$

(5) $\left(a+\dfrac{1}{2}\right)^2$
$=a^2+2\times\dfrac{1}{2}\times a+\underset{かっこをつけて2乗}{\left(\dfrac{1}{2}\right)^2}$
$=a^2+a+\dfrac{1}{4}$

(6) $(4-x)^2$
$=4^2-2\times x\times 4+x^2$
$=16-8x+x^2$

14ページの答え

①a ②$-a$ ③a ④$-a$ ⑤$-$ ⑥x^2-a^2 ⑦x
⑧$5$ ⑨x^2-25 ⑩8 ⑪a ⑫$64-a^2$

15ページの答え

1 次の式を展開しましょう。

(1) $(x+4)(x-4)$
和と差の積
$=x^2-4^2$
$=x^2-16$

(2) $(a+7)(a-7)$
$=a^2-7^2$
$=a^2-49$

(3) $(6+y)(6-y)$
$=6^2-y^2$
$=36-y^2$

(4) $(x-9)(x+9)$
$=(x+9)(x-9)$ ←乗法の交換法則
$=x^2-9^2$ を使って
$=x^2-81$ 入れかえる。

(5) $\left(x+\dfrac{1}{3}\right)\left(x-\dfrac{1}{3}\right)$
$=x^2-\left(\dfrac{1}{3}\right)^2$
かっこをつけて2乗
$=x^2-\dfrac{1}{9}$

(6) $\left(a+\dfrac{2}{5}\right)\left(a-\dfrac{2}{5}\right)$
$=a^2-\left(\dfrac{2}{5}\right)^2$
$=a^2-\dfrac{4}{25}$

16ページの答え

①$2x$ ②$2x$ ③$4x^2-4x-15$ ④$3a$ ⑤$4b$
⑥$3a$ ⑦$4b$ ⑧$9a^2-24ab+16b^2$ ⑨$2$ ⑩1
⑪x^2-4 ⑫2 ⑬1 ⑭x^2+4 ⑮$2x+5$

17ページの答え

1 次の計算をしましょう。

(1) $(3x-2)(3x+4)$
$(x+a)(x+b)$の形
$=(3x)^2+\{(-2)+4\}\times3x$
$+(-2)\times4$
$=9x^2+6x-8$

(2) $(5a+2b)^2$
$(x+a)^2$の形
$=(5a)^2+2\times2b\times5a+(2b)^2$
$=25a^2+20ab+4b^2$

(3) $(-x+7y)(-x-7y)$
$(x+a)(x-a)$の形
$=(-x)^2-(7y)^2$
$=x^2-49y^2$

(4) $(4a-b)(4a-5b)$
$(x+a)(x+b)$の形
$=(4a)^2+\{(-b)+(-5b)\}\times4a$
$+(-b)\times(-5b)$
$=16a^2-24ab+5b^2$

(5) $(x+3)(x-3)+(x+4)^2$
$=x^2-9+(x^2+8x+16)$
$=x^2-9+x^2+8x+16$
$=2x^2+8x+7$

(6) $(x-5)^2-(x-3)(x-8)$
$=x^2-10x+25-(x^2-11x+24)$
$=x^2-10x+25-x^2+11x-24$
$=x+1$

(7) $(a+b+1)(a+b-1)$
$a+b$をXとおくと,
$=(X+1)(X-1)$
$=X^2-1$
$=(a+b)^2-1$
$=a^2+2ab+b^2-1$

(8) $(x-y+2)^2$
$x-y$をXとおくと,
$=(X+2)^2$
$=X^2+4X+4$
$=(x-y)^2+4(x-y)+4$
$=x^2-2xy+y^2+4x-4y+4$

18ページの答え

①m ②m ③m ④$3$ ⑤b ⑥$3b$ ⑦$3b$ ⑧$3b$
⑨x ⑩y ⑪1 ⑫$x+y-1$

19ページの答え

1 次の式を因数分解しましょう。

(1) $ax+bx$
$=a\times x+b\times x$
$=x(a+b)$

(2) $8x-12y$
$=4\times2x-4\times3y$
$=4(2x-3y)$

(3) $ax+ay-az$
$=a\times x+a\times y-a\times z$
$=a(x+y-z)$

(4) $15y^2-9y$
$=3y\times5y-3y\times3$
$=3y(5y-3)$

(5) $2a^2-4ab+6a$
$=2a\times a-2a\times2b+2a\times3$
$=2a(a-2b+3)$

(6) $20x^2y-15xy^2-35xy$
$=5xy\times4x-5xy\times3y-5xy\times7$
$=5xy(4x-3y-7)$

20ページの答え

①$2$ ②$4$ ③$2$ ④$4$ ⑤$6$ ⑥-6 ⑦$3$ ⑧-3
⑨-2 ⑩-3 ⑪-2 ⑫-3

21ページの答え

1 次の式を因数分解しましょう。

(1) x^2+5x+4
$=(x+1)(x+4)$

かけて4	たして5
1と4	◯
−1と−4	×
2と2	×
−2と−2	×

(2) $x^2-8x+15$
$=(x-3)(x-5)$

かけて15	たして−8
1と15	×
−1と−15	×
3と5	×
−3と−5	◯

(3) $x^2+3x-10$
$=(x-2)(x+5)$

かけて−10	たして3
1と−10	×
−1と10	×
2と−5	×
−2と5	◯

(4) $x^2-4x-21$
$=(x+3)(x-7)$

かけて−21	たして−4
1と−21	×
−1と21	×
3と−7	◯
−3と7	×

(5) $x^2-7x+12$
$=(x-3)(x-4)$

かけて12	たして−7
1と12	×
−1と−12	×
2と6	×
−2と−6	×
3と4	×
−3と−4	◯

(6) $x^2-3x-18$
$=(x+3)(x-6)$

かけて−18	たして−3
1と−18	×
−1と18	×
2と−9	×
−2と9	×
3と−6	◯
−3と6	×

09 公式を利用する因数分解②

本文 22・23 ページ

22ページの答え

① 3　② 3　③ 3　④ 4　⑤ 4　⑥ 4　⑦ 4　⑧ 4

⑨ 6　⑩ 6　⑪ 6　⑫ 6

23ページの答え

1 次の式を因数分解しましょう。

(1) $x^2+10x+25$
　　　5の2倍　5の2乗
　$=x^2+2\times5\times x+5^2$
　$=(x+5)^2$

(2) x^2-4x+4
　　　2の2倍　2の2乗
　$=x^2-2\times2\times x+2^2$
　$=(x-2)^2$

(3) x^2-9
　　　3の2乗
　$=x^2-3^2$
　$=(x+3)(x-3)$

(4) $a^2-18a+81$
　$=a^2-2\times9\times a+9^2$
　$=(a-9)^2$

(5) $49-y^2$
　$=7^2-y^2$
　$=(7+y)(7-y)$

(6) $9x^2+6x+1$
　$=(3x)^2+2\times1\times3x+1^2$
　$=(3x+1)^2$

(7) $x^2+x+\dfrac{1}{4}$
　$=x^2+2\times\dfrac{1}{2}\times x+\left(\dfrac{1}{2}\right)^2$
　$=\left(x+\dfrac{1}{2}\right)^2$

(8) $a^2-\dfrac{9}{16}$
　$=a^2-\left(\dfrac{3}{4}\right)^2$
　$=\left(a+\dfrac{3}{4}\right)\left(a-\dfrac{3}{4}\right)$

10 式を使って説明しよう

本文 24・25 ページ

24ページの答え

① $n+1$　② $n+2$　③ $2m$　④ $2n$　⑤ $3m$　⑥ $5n$

⑦ $2n$　⑧ $2n+3$　⑨ $2n+1$　⑩ $4n^2+4n+1$　⑪ 8

⑫ 8　⑬ 8　⑭ 8　⑮ 8

25ページの答え

1 連続する3つの整数で、まん中の数の2乗から1をひいた数は、残りの2つの数の積と等しくなります。証明の続きを書いて、証明を完成させましょう。

（証明）　nを整数とすると、連続する3つの整数は、n, $n+1$, $n+2$と表せる。
　　　まん中の数の2乗から1をひいた数は、
　　　　$(n+1)^2-1=n^2+2n+1-1$
　　　　　　　　　$=n^2+2n$
　　　　　　　　　$=n(n+2)$
　　　$n(n+2)$は、連続する3つの整数で、まん中の数を除く残りの2つの数の積である。
　　　　したがって、連続する3つの整数で、まん中の数の2乗から1をひいた数は、残りの2つの数の積と等しくなる。

2 連続する2つの奇数の積に1たした数は、この2つの奇数の間にある偶数の2乗に等しくなります。証明の続きを書いて、証明を完成させましょう。

（証明）　nを整数とすると、連続する2つの奇数は、$2n+1$, $2n+3$と表せる。
　　　この2つの奇数の積に1たした数は、
　　　　$(2n+1)(2n+3)+1=4n^2+8n+3+1$
　　　　　　　　　　　　$=4n^2+8n+4$
　　　　　　　　　　　　$=(2n+2)^2$
　　　$2n+2$は、$2n+1$と$2n+3$の間にある偶数である。
　　　　したがって、連続する2つの奇数の積に1たした数は、この2つの奇数の間にある偶数の2乗に等しくなる。

11 式を変形して計算しよう

本文 26・27 ページ

26ページの答え

① 50　② 50　③ 50　④ 2401　⑤ 47　⑥ 47

⑦ 100　⑧ 600　⑨ $x^2-8x-16$　⑩ $2x$　⑪ 75

⑫ 150　⑬ 6　⑭ 26　⑮ 20　⑯ 400

27ページの答え

1 次の式を、くふうして計算しましょう。

(1) 103^2
　$=(100+3)^2$
　$=100^2+2\times3\times100+3^2$
　$=10000+600+9$
　$=10609$

(2) 104×96
　$=(100+4)\times(100-4)$
　$=100^2-4^2$
　$=10000-16$
　$=9984$

(3) 31^2-29^2
　$=(31+29)\times(31-29)$
　$=60\times2$
　$=120$

(4) 65^2-35^2
　$=(65+35)\times(65-35)$
　$=100\times30$
　$=3000$

2 次の問いに答えましょう。

(1) $x=25$のとき、$(x-6)(x+9)-(x+7)(x-7)$の値を求めましょう。
　$(x-6)(x+9)-(x+7)(x-7)$
　$=x^2+3x-54-(x^2-49)$
　$=x^2+3x-54-x^2+49$
　$=3x-5$
　$=3\times25-5=75-5=70$

(2) $x=87$, $y=78$のとき、$x^2-2xy+y^2$の値を求めましょう。
　$x^2-2xy+y^2$
　$=(x-y)^2$
　$=(87-78)^2=9^2=81$

12 平方根とは？

本文 30・31 ページ

30ページの答え

① 6　② 6　③ 6　④ -6　⑤ $\sqrt{7}$　⑥ $-\sqrt{7}$　⑦ $\sqrt{a}$

⑧ $-\sqrt{a}$

31ページの答え

1 次の数の平方根を求めましょう。

(1) 25
　$5^2=25$, $(-5)^2=25$
　だから、25の平方根は、
　5と-5
　±5と書くこともできる。

(2) $\dfrac{4}{9}$
　$\left(\dfrac{2}{3}\right)^2=\dfrac{4}{9}$, $\left(-\dfrac{2}{3}\right)^2=\dfrac{4}{9}$
　だから、$\dfrac{2}{3}$と$-\dfrac{2}{3}\left(\pm\dfrac{2}{3}\right)$

(3) 0.09
　$0.3^2=0.09$,
　$(-0.3)^2=0.09$
　だから、0.3と$-0.3(\pm0.3)$

(4) 5
　正のほうは$\sqrt{5}$
　負のほうは$-\sqrt{5}$
　だから、$\pm\sqrt{5}$

2 次の数を$\sqrt{}$を使わずに表しましょう。

(1) $\sqrt{16}$
　$\sqrt{16}$は16の平方根のうちの正のほうである。
　16の平方根は4と-4
　だから、$\sqrt{16}=4$

(2) $-\sqrt{81}$
　$-\sqrt{81}$は81の平方根のうちの負のほうである。
　81の平方根は9と-9
　だから、$-\sqrt{81}=-9$

32ページの答え

①< ②< ③16 ④> ⑤> ⑥> ⑦9 ⑧<
⑨< ⑩> ⑪>

33ページの答え

1 次の各組の数の大小を，不等号を使って表しましょう。

(1) $\sqrt{5}$，$\sqrt{7}$
5<7だから，
$\sqrt{5}<\sqrt{7}$

(2) $-\sqrt{19}$，$-\sqrt{21}$
19<21だから，$\sqrt{19}<\sqrt{21}$
負の数では，絶対値が大きいほど
小さくなるから，
$-\sqrt{19}>-\sqrt{21}$

(3) $\sqrt{50}$，7
7を$\sqrt{}$を使って表すと，
$7=\sqrt{49}$
50>49だから，
$\sqrt{50}>\sqrt{49}$
したがって，$\sqrt{50}>7$

(4) -5，$-\sqrt{23}$
5を$\sqrt{}$を使って表すと，
$5=\sqrt{25}$
25>23だから，
$\sqrt{25}>\sqrt{23}$
よって，$5>\sqrt{23}$
負の数では，絶対値が大きいほど
小さくなるから，$-5<-\sqrt{23}$

34ページの答え

①65 ②2.8 ③2.65 ④2.75 ⑤0.05 ⑥1
⑦2 ⑧8 ⑨1.28 ⑩10^4

35ページの答え

1 ある数aの小数第3位を四捨五入した近似値が1.83であるとき，次の問いに答えましょう。

(1) aの値の範囲を求めましょう。
小数第3位を四捨五入して1.83になる値のうち，最も小さい値は1.825
1.835の小数第3位を四捨五入した値は，1.84
よって，aの値の範囲は，$1.825\leqq a<1.835$

(2) 誤差の絶対値はいくつ以下と考えられますか。
右の図より，誤差の絶対値は0.005以下
であるといえる。

真の値の範囲
0.005　0.005
1.825　1.83　1.835

2 次の近似値の有効数字が（　）の中のけた数のとき，その近似値を，整数部分が1けたの小数と，10の累乗との積の形で表しましょう。

(1) 3850m （3けた）
有効数字は，3，8，5
したがって，近似値は，
3.85×10^3m

(2) 427000g （4けた）
有効数字は，4，2，7，0
したがって，近似値は，
4.270×10^5g

36ページの答え

①3 ②5 ③15 ④2 ⑤8 ⑥16 ⑦−4
⑧30 ⑨6 ⑩5 ⑪27 ⑫3 ⑬9 ⑭−3

37ページの答え

1 次の計算をしましょう。

(1) $\sqrt{2}\times\sqrt{7}$
$=\sqrt{2\times7}$
$=\sqrt{14}$

(2) $\sqrt{5}\times\sqrt{11}$
$=\sqrt{5\times11}$
$=\sqrt{55}$

(3) $\sqrt{18}\times\sqrt{2}$
$=\sqrt{18\times2}$
$=\sqrt{36}$
$=6$　　$36=6^2$

(4) $\sqrt{3}\times(-\sqrt{27})$
$=-\sqrt{3\times27}$
$=-\sqrt{81}$
$=-9$　　$81=9^2$

(5) $\sqrt{14}\div\sqrt{2}$
$=\dfrac{\sqrt{14}}{\sqrt{2}}=\sqrt{\dfrac{14}{2}}=\sqrt{7}$

(6) $\sqrt{42}\div(-\sqrt{7})$
$=-\dfrac{\sqrt{42}}{\sqrt{7}}=-\sqrt{\dfrac{42}{7}}=-\sqrt{6}$

(7) $\sqrt{75}\div\sqrt{3}$
$=\dfrac{\sqrt{75}}{\sqrt{3}}=\sqrt{\dfrac{75}{3}}$
$=\sqrt{25}$
$=5$　　$25=5^2$

(8) $\sqrt{54}\div\sqrt{6}$
$=\dfrac{\sqrt{54}}{\sqrt{6}}=\sqrt{\dfrac{54}{6}}$
$=\sqrt{9}$
$=3$　　$9=3^2$

38ページの答え

①3 ②9 ③2 ④18 ⑤3 ⑥3 ⑦3 ⑧5
⑨5 ⑩5 ⑪$3\sqrt{2}$ ⑫3 ⑬2 ⑭$6\sqrt{6}$

39ページの答え

1 次の数を，$\sqrt{■}$ の形に変形しましょう。

(1) $2\sqrt{7}$
$=\sqrt{2^2}\times\sqrt{7}$
$=\sqrt{4\times7}=\sqrt{28}$

(2) $6\sqrt{5}$
$=\sqrt{6^2}\times\sqrt{5}$
$=\sqrt{36\times5}=\sqrt{180}$

(3) $\dfrac{\sqrt{12}}{2}$
$=\dfrac{\sqrt{12}}{\sqrt{2^2}}=\sqrt{\dfrac{12}{4}}=\sqrt{3}$

(4) $\dfrac{\sqrt{63}}{3}$
$=\dfrac{\sqrt{63}}{\sqrt{3^2}}=\sqrt{\dfrac{63}{9}}=\sqrt{7}$

2 次の数を，$●\sqrt{■}$ の形に変形しましょう。

(1) $\sqrt{8}$
$=\sqrt{2^2\times2}$
$=\sqrt{2^2}\times\sqrt{2}=2\sqrt{2}$

(2) $\sqrt{75}$
$=\sqrt{5^2\times3}$
$=\sqrt{5^2}\times\sqrt{3}=5\sqrt{3}$

(3) $\sqrt{\dfrac{3}{16}}$
$=\dfrac{\sqrt{3}}{\sqrt{16}}=\dfrac{\sqrt{3}}{\sqrt{4^2}}=\dfrac{\sqrt{3}}{4}$

(4) $\sqrt{\dfrac{7}{81}}$
$=\dfrac{\sqrt{7}}{\sqrt{81}}=\dfrac{\sqrt{7}}{\sqrt{9^2}}=\dfrac{\sqrt{7}}{9}$

3 次の計算をしましょう。

(1) $\sqrt{8}\times\sqrt{20}$
$=\sqrt{2^2\times2}\times\sqrt{2^2\times5}$
$=2\sqrt{2}\times2\sqrt{5}$
$=2\times2\times\sqrt{2}\times\sqrt{5}$
$=4\sqrt{10}$

(2) $\sqrt{24}\times\sqrt{27}$
$=\sqrt{2^2\times6}\times\sqrt{3^2\times3}$
$=2\sqrt{6}\times3\sqrt{3}$
$=2\times3\times\sqrt{6}\times\sqrt{3}$
$=2\times3\times\sqrt{2}\times\sqrt{3}\times\sqrt{3}$
$=2\times3\times3\times\sqrt{2}=18\sqrt{2}$

17 分母に√ がある数の変形

本文 40・41 ページ

40ページの答え

① $\sqrt{3}$　② $\sqrt{3}$　③ $\sqrt{3}$　④ 6　⑤ 3　⑥ 2　⑦ 2
⑧ $\sqrt{2}$　⑨ $\sqrt{2}$　⑩ 2　⑪ 2　⑫ 2　⑬ $\sqrt{2}$

41ページの答え

1 次の数の分母を有理化しましょう。

(1) $\dfrac{\sqrt{3}}{\sqrt{5}}$
$=\dfrac{\sqrt{3}\times\sqrt{5}}{\sqrt{5}\times\sqrt{5}}$
$=\dfrac{\sqrt{15}}{5}$

(2) $\dfrac{14}{\sqrt{7}}$
$=\dfrac{14\times\sqrt{7}}{\sqrt{7}\times\sqrt{7}}$
$=\dfrac{14\sqrt{7}}{7}=2\sqrt{7}$

(3) $\dfrac{4}{\sqrt{8}}$
$=\dfrac{4}{2\sqrt{2}}=\dfrac{2}{\sqrt{2}}$
$=\dfrac{2\times\sqrt{2}}{\sqrt{2}\times\sqrt{2}}=\dfrac{2\sqrt{2}}{2}=\sqrt{2}$

(4) $\dfrac{10}{3\sqrt{5}}$
$=\dfrac{10\times\sqrt{5}}{3\sqrt{5}\times\sqrt{5}}=\dfrac{10\times\sqrt{5}}{3\times5}$
$=\dfrac{2\sqrt{5}}{3}$

(5) $\dfrac{3\sqrt{2}}{\sqrt{6}}$
$=\dfrac{3\sqrt{2}\times\sqrt{6}}{\sqrt{6}\times\sqrt{6}}$
$=\dfrac{3\times\sqrt{2}\times\sqrt{2}\times\sqrt{3}}{6}$
$=\dfrac{3\times2\times\sqrt{3}}{6}=\sqrt{3}$

(6) $\dfrac{15}{\sqrt{12}}$
$=\dfrac{15}{2\sqrt{3}}=\dfrac{15\times\sqrt{3}}{2\sqrt{3}\times\sqrt{3}}$
$=\dfrac{15\times\sqrt{3}}{2\times3}$
$=\dfrac{5\sqrt{3}}{2}$

2 $\sqrt{3}=1.732$として，$\dfrac{6}{\sqrt{3}}$ の値を求めましょう。

分母を有理化してから計算する。
$\dfrac{6}{\sqrt{3}}=\dfrac{6\times\sqrt{3}}{\sqrt{3}\times\sqrt{3}}=\dfrac{6\sqrt{3}}{3}=2\sqrt{3}=2\times1.732=3.464$

---

18 √ がついた数のたし算とひき算

本文 42・43 ページ

42ページの答え

① 7　② 2　③ $9\sqrt{3}$　④ 7　⑤ 2　⑥ $5\sqrt{3}$　⑦ 5
⑧ 2　⑨ -7　⑩ 3　⑪ 3　⑫ 4

43ページの答え

1 次の計算をしましょう。

(1) $3\sqrt{2}+4\sqrt{2}$
$=(3+4)\sqrt{2}$
$=7\sqrt{2}$

(2) $2\sqrt{7}-5\sqrt{7}$
$=(2-5)\sqrt{7}$
$=-3\sqrt{7}$

(3) $8\sqrt{5}-\sqrt{5}-4\sqrt{5}$
$=(8-1-4)\sqrt{5}$
$=3\sqrt{5}$

(4) $5\sqrt{2}-3\sqrt{3}+\sqrt{2}+2\sqrt{3}$
$=5\sqrt{2}+\sqrt{2}-3\sqrt{3}+2\sqrt{3}$
$=(5+1)\sqrt{2}+(-3+2)\sqrt{3}$
$=6\sqrt{2}-\sqrt{3}$

(5) $\sqrt{18}+\sqrt{2}$
$=3\sqrt{2}+\sqrt{2}$
$=(3+1)\sqrt{2}=4\sqrt{2}$

(6) $\sqrt{5}-\sqrt{20}$
$=\sqrt{5}-2\sqrt{5}$
$=(1-2)\sqrt{5}=-\sqrt{5}$

(7) $\sqrt{6}+\dfrac{12}{\sqrt{6}}$
$=\sqrt{6}+\dfrac{12\times\sqrt{6}}{\sqrt{6}\times\sqrt{6}}$
$=\sqrt{6}+\dfrac{12\sqrt{6}}{6}$
$=\sqrt{6}+2\sqrt{6}=3\sqrt{6}$

(8) $\dfrac{9}{\sqrt{3}}-\sqrt{12}$
$=\dfrac{9\times\sqrt{3}}{\sqrt{3}\times\sqrt{3}}-2\sqrt{3}$
$=\dfrac{9\sqrt{3}}{3}-2\sqrt{3}$
$=3\sqrt{3}-2\sqrt{3}=\sqrt{3}$

---

19 いろいろな計算

本文 44・45 ページ

44ページの答え

① $\sqrt{3}$　② $\sqrt{3}$　③ $3+5\sqrt{3}$　④ $\sqrt{2}$　⑤ $\sqrt{2}$　⑥ 2
⑦ 6　⑧ $10+6\sqrt{2}$　⑨ $\sqrt{6}$　⑩ $\sqrt{6}$　⑪ $7+2\sqrt{6}$
⑫ $\sqrt{5}$　⑬ 4　⑭ 5　⑮ 9　⑯ -4

45ページの答え

1 次の計算をしましょう。

(1) $\sqrt{2}(\sqrt{2}-3)$
$=\sqrt{2}\times\sqrt{2}-\sqrt{2}\times3$
$=2-3\sqrt{2}$

(2) $\sqrt{3}(\sqrt{6}+\sqrt{2})$
$=\sqrt{3}\times\sqrt{6}+\sqrt{3}\times\sqrt{2}$
$=\sqrt{18}+\sqrt{6}$
$=3\sqrt{2}+\sqrt{6}$

(3) $(\sqrt{5}+2)^2$
$=(\sqrt{5})^2+2\times2\times\sqrt{5}+2^2$
$=5+4\sqrt{5}+4$
$=9+4\sqrt{5}$

(4) $(\sqrt{2}+5)(\sqrt{2}-1)$
$=(\sqrt{2})^2+(5-1)\times\sqrt{2}+5\times(-1)$
$=2+4\sqrt{2}-5$
$=4\sqrt{2}-3$

(5) $(\sqrt{7}+4)(\sqrt{7}-4)$
$=(\sqrt{7})^2-4^2$
$=7-16$
$=-9$

(6) $(3-\sqrt{6})^2$
$=3^2-2\times\sqrt{6}\times3+(\sqrt{6})^2$
$=9-6\sqrt{6}+6$
$=15-6\sqrt{6}$

(7) $(\sqrt{2}-\sqrt{3})^2$
$=(\sqrt{2})^2-2\times\sqrt{3}\times\sqrt{2}+(\sqrt{3})^2$
$=2-2\sqrt{6}+3$
$=5-2\sqrt{6}$

(8) $(\sqrt{3}-2)(\sqrt{3}-3)$
$=(\sqrt{3})^2+(-2-3)\times\sqrt{3}$
$\quad+(-2)\times(-3)$
$=3-5\sqrt{3}+6=9-5\sqrt{3}$

(9) $(3\sqrt{2}+1)^2$
$=(3\sqrt{2})^2+2\times1\times3\sqrt{2}+1^2$
$=18+6\sqrt{2}+1$
$=19+6\sqrt{2}$

(10) $(\sqrt{8}+\sqrt{3})(2\sqrt{2}-\sqrt{3})$
$=(2\sqrt{2}+\sqrt{3})(2\sqrt{2}-\sqrt{3})$
$=(2\sqrt{2})^2-(\sqrt{3})^2$
$=8-3$
$=5$

---

20 2次方程式とは？

本文 48・49 ページ

48ページの答え

① 3　② 2　③ 2　④ 0　⑤ 3　⑥ 3　⑦ -1　⑧ 4
⑨ 4　⑩ 0　⑪ 2　⑫ 4　⑬ 2　⑭ 4　⑮ 2

49ページの答え

1 次の方程式のうち，xの2次方程式はどれですか。記号で答えましょう。

⑦ $x^2=3$　　　⑦ $x^2+3x=x^2-3$　　　⑦ $5x=3-2x^2$

それぞれ方程式を移項して整理すると，
⑦ $x^2-3=0$　　　　　←（xの2次式）＝0の形
⑦ $x^2+3x-x^2+3=0$，$3x+3=0$　←（xの1次式）＝0の形
⑦ $2x^2+5x-3=0$　　　←（xの2次式）＝0の形
よって，xの2次方程式は⑦と⑦

2 -2，-1，0，1，2のうち，方程式$x^2+x-2=0$の解はどれですか。

方程式の左辺にそれぞれの数を代入すると，
$x=-2$のとき，（左辺）$=(-2)^2+(-2)-2=4-2-2=0$
$x=-1$のとき，（左辺）$=(-1)^2+(-1)-2=1-1-2=-2$
$x=0$のとき，（左辺）$=0^2+0-2=0+0-2=-2$
$x=1$のとき，（左辺）$=1^2+1-2=1+1-2=0$
$x=2$のとき，（左辺）$=2^2+2-2=4+2-2=4$
$x=-2$，$x=1$のとき，左辺が0となり，方程式が成り立つ。
よって，方程式の解は-2と1

21 平方根の考え方で解こう

50ページの答え

①9 ②9 ③3 ④3 ⑤$\sqrt{3}$ ⑥$\sqrt{3}$ ⑦-1
⑧$\sqrt{3}$

51ページの答え

1 次の方程式を解きましょう。

(1) $x^2-5=0$
$x^2=5$
$x=\pm\sqrt{5}$

(2) $3x^2=48$
$x^2=16$
$x=\pm4$

(3) $2x^2-50=0$
$2x^2=50$
$x^2=25$
$x=\pm5$

(4) $4x^2=32$
$x^2=8$
$x=\pm\sqrt{8}$
$x=\pm2\sqrt{2}$　←$a\sqrt{b}$ の形に直して答える。

(5) $9x^2-5=0$
$9x^2=5,\ x^2=\dfrac{5}{9},\ x=\pm\sqrt{\dfrac{5}{9}},$
$x=\pm\dfrac{\sqrt{5}}{\sqrt{9}},\ x=\pm\dfrac{\sqrt{5}}{3}$

(6) $x^2=\dfrac{1}{2}$
$x=\pm\sqrt{\dfrac{1}{2}},\ x=\pm\dfrac{1}{\sqrt{2}},$
$x=\pm\dfrac{\sqrt{2}}{2}$　←分母を有理化して答える。

(7) $(x-3)^2=2$
$x-3$をMとすると,
$M^2=2,\ M=\pm\sqrt{2},$
$x-3=\pm\sqrt{2},\ x=3\pm\sqrt{2}$

(8) $(x+2)^2=9$
$x+2$をMとすると,
$M^2=9,\ M=\pm3,\ x+2=\pm3$
$x+2=3$から, $x=1$
$x+2=-3$から, $x=-5$

22 2次方程式の解の公式とは？

52ページの答え

①5 ②9 ③3 ④9 ⑤9 ⑥5 ⑦3 ⑧5
⑨-9 ⑩81 ⑪60 ⑫10 ⑬-9 ⑭21 ⑮10

53ページの答え

1 次の方程式を解きましょう。

(1) $x^2+5x+3=0$
$x=\dfrac{-5\pm\sqrt{5^2-4\times1\times3}}{2\times1}$
$=\dfrac{-5\pm\sqrt{25-12}}{2}$
$=\dfrac{-5\pm\sqrt{13}}{2}$

(2) $x^2+2x-1=0$
$x=\dfrac{-2\pm\sqrt{2^2-4\times1\times(-1)}}{2\times1}$
$=\dfrac{-2\pm\sqrt{4+4}}{2}$
$=\dfrac{-2\pm\sqrt{8}}{2}=\dfrac{-2\pm2\sqrt{2}}{2}$
$=-1\pm\sqrt{2}$

(3) $2x^2+3x-1=0$
$x=\dfrac{-3\pm\sqrt{3^2-4\times2\times(-1)}}{2\times2}$
$=\dfrac{-3\pm\sqrt{9+8}}{4}$
$=\dfrac{-3\pm\sqrt{17}}{4}$

(4) $3x^2-6x+2=0$
$x=\dfrac{-(-6)\pm\sqrt{(-6)^2-4\times3\times2}}{2\times3}$
$=\dfrac{6\pm\sqrt{36-24}}{6}$
$=\dfrac{6\pm\sqrt{12}}{6}=\dfrac{6\pm2\sqrt{3}}{6}$
$=\dfrac{3\pm\sqrt{3}}{3}$

23 因数分解を利用して解こう

54ページの答え

①4 ②4 ③0 ④0 ⑤4 ⑥0 ⑦2 ⑧4
⑨5 ⑩5 ⑪-5

55ページの答え

1 次の方程式を解きましょう。

(1) $(x+1)(x+5)=0$
$x+1=0$ または $x+5=0$
$x=-1,\ x=-5$

(2) $x^2-3x=0$
$x(x-3)=0$
$x=0$ または $x-3=0$
$x=0,\ x=3$

(3) $x^2-8x+16=0$
$(x-4)^2=0$
$x-4=0$
$x=4$

(4) $x^2-36=0$
$(x+6)(x-6)=0$
$x+6=0$ または $x-6=0$
$x=-6,\ x=6$

(5) $x^2+14x+49=0$
$(x+7)^2=0$
$x+7=0$
$x=-7$

(6) $x^2+4x-45=0$
$(x+9)(x-5)=0$
$x+9=0$ または $x-5=0$
$x=-9,\ x=5$

24 いろいろな方程式を解こう

56ページの答え

①x^2-16 ②$6x-16$ ③2 ④8 ⑤2 ⑥8
⑦-2 ⑧8 ⑨$9x-18$ ⑩$12x+18$ ⑪$6x+9$
⑫3 ⑬3 ⑭3

57ページの答え

1 次の方程式を解きましょう。

(1) $x^2=5x$
$x^2-5x=0$
$x(x-5)=0$
$x=0$ または $x-5=0$
$x=0,\ x=5$

(2) $x^2=x+2$
$x^2-x-2=0$
$(x+1)(x-2)=0$
$x+1=0$ または $x-2=0$
$x=-1,\ x=2$

(3) $2x^2-1=x+1$
$2x^2-x-2=0$
$x=\dfrac{-(-1)\pm\sqrt{(-1)^2-4\times2\times(-2)}}{2\times2}$
$=\dfrac{1\pm\sqrt{1+16}}{4}=\dfrac{1\pm\sqrt{17}}{4}$

(4) $x^2-6x=3(1-2x)$
$x^2-6x=3-6x$
$x^2=3$
$x=\pm\sqrt{3}$

(5) $x^2=3(x+6)$
$x^2=3x+18$
$x^2-3x-18=0$
$(x+3)(x-6)=0$
$x+3=0$ または $x-6=0$
$x=-3,\ x=6$

(6) $(x-2)^2=x$
$x^2-4x+4=x$
$x^2-5x+4=0$
$(x-1)(x-4)=0$
$x-1=0$ または $x-4=0$
$x=1,\ x=4$

(7) $(x-1)(x+5)=-2$
$x^2+4x-5=-2,\ x^2+4x-3=0$
$x=\dfrac{-4\pm\sqrt{4^2-4\times1\times(-3)}}{2\times1}$
$=\dfrac{-4\pm\sqrt{16+12}}{2}=\dfrac{-4\pm\sqrt{28}}{2}$
$=\dfrac{-4\pm2\sqrt{7}}{2}=-2\pm\sqrt{7}$

(8) $(x-4)(x-8)=-4$
$x^2-12x+32=-4$
$x^2-12x+36=0$
$(x-6)^2=0$
$x-6=0$
$x=6$

58ページの答え

① $x+1$　② $x+1$　③ $x+1$　④ x　⑤ 20
⑥ x^2-x-20　⑦ 4　⑧ 5　⑨ -4　⑩ 5　⑪ -4
⑫ 5　⑬ 5　⑭ 6　⑮ 5　⑯ 6

59ページの答え

1 連続する3つの自然数があります。小さいほうの2つの数の積は、3つの数の和に等しくなります。この3つの自然数を、次の手順で求めましょう。

(1) いちばん小さい自然数をxとして、残りの2つの自然数をxを使って表しましょう。
$x+1$, $x+2$

(2) 方程式をつくり、解きましょう。
（小さいほうの2つの数の積）＝（3つの数の和）より、
$x(x+1)=x+(x+1)+(x+2)$
$x^2+x=3x+3$
$x^2-2x-3=0$
$(x+1)(x-3)=0$
$x=-1,\ x=3$

(3) もとの3つの自然数を求めましょう。
xは自然数だから、$x=-1$は問題にあわない。
$x=3$のとき、連続する3つの自然数は3, 4, 5となり、これは問題にあっている。
したがって、連続する3つの自然数は3, 4, 5

62ページの答え

① 2　② 8　③ 18　④ 32　⑤ 50　⑥ 72　⑦ 2
⑧ 8　⑨ 4　⑩ 9　⑪ 16　⑫ n^2　⑬ 2

63ページの答え

1 右の表は、yがxの2乗に比例する関数のxとyの値の対応のようすを表したものです。次の□にあてはまる数を書きましょう。

x	0	1	2	3	4
y	0	5	20	45	80

(1) xの値が2倍、3倍、4倍、…になると、yの値は 4 倍、9 倍、16 倍、…になります。　xの値がn倍になると、yの値はn^2倍になる。

(2) 比例定数は 5 です。
$x\neq0$のとき、$\dfrac{y}{x^2}$の値はどれも5で、この値が比例定数である。

(3) yをxの式で表すと、$y=$ $5x^2$ です。
yがxの2乗に比例する関数の式は、$y=$（比例定数）$\times x^2$

(4) $x=5$に対応するyの値は 125 です。
$y=5x^2$に$x=5$を代入して、$y=5\times5^2=5\times25=125$

64ページの答え

① 2　② 12　③ 12　④ 2　⑤ 3　⑥ 3　⑦ 3　⑧ 3
⑨ 3　⑩ 9　⑪ 27

65ページの答え

1 次の問いに答えましょう。

(1) yはxの2乗に比例し、$x=-3$のとき$y=36$です。yをxの式で表しましょう。
yはxの2乗に比例するから、$y=ax^2$とおける。
$x=-3$のとき$y=36$だから、$36=a\times(-3)^2$, $a=4$
したがって、式は、$y=4x^2$

(2) yはxの2乗に比例し、$x=4$のとき$y=-8$です。$x=-6$のときのyの値を求めましょう。
yはxの2乗に比例するから、$y=ax^2$とおける。
$x=4$のとき$y=-8$だから、$-8=a\times4^2$, $a=-\dfrac{1}{2}$
したがって、式は、$y=-\dfrac{1}{2}x^2$
この式に$x=-6$を代入して、$y=-\dfrac{1}{2}\times(-6)^2=-18$

2 右の表は、yがxの2乗に比例する関係で、xとyの値の対応のようすの一部を表したものです。⑦、①にあてはまる数を書きましょう。

x	-3	-1	2	4
y	-27	⑦	-12	①

yはxの2乗に比例するから、$y=ax^2$とおける。
$x=2$のとき$y=-12$だから、$-12=a\times2^2$, $a=-3$
したがって、式は、$y=-3x^2$
この式に$x=-1$を代入して、$y=-3\times(-1)^2=-3$…⑦
また、$x=4$を代入して、$y=-3\times4^2=-48$…①

66ページの答え

① 16　② 9　③ 4　④ 1　⑤ 1
⑥ 4　⑦ 9　⑧ 16　⑨ 右の図
⑩ 原点　⑪ 上　⑫ y

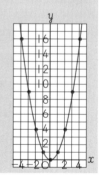

67ページの答え

1 次の関数のグラフをかきましょう。

(1) $y=2x^2$

(2) $y=-x^2$

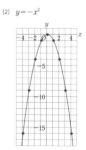

29 グラフからよみとろう

本文 68・69 ページ

68ページの答え

① 2　② 2　③ 1　④ 2　⑤ $2x^2$　⑥ -2　⑦ -2

⑧ 2　⑨ $-\dfrac{1}{2}$　⑩ $-\dfrac{1}{2}x^2$

69ページの答え

1 右の図の①, ②のグラフは, yがxの2乗に比例する関数のグラフです。それぞれについて, yをxの式で表しましょう。

(1) グラフは, 点$(2, 1)$を通る。
この点の座標を$y=ax^2$に代入すると,
$1=a\times2^2,\ 4a=1,\ a=\dfrac{1}{4}$
したがって, 式は, $y=\dfrac{1}{4}x^2$

グラフが通る点は,
点$(4, 4)$, $(-2, 1)$, $(-4, 4)$
を選んでもよい。

(2) グラフは, 点$(1, -3)$を通る。
この点の座標を$y=ax^2$に代入すると,
$-3=a\times1^2,\ a=-3$
したがって, 式は, $y=-3x^2$

グラフが通る点は, 点$(-1, -3)$を選んでもよい。

30 変域を求めよう

本文 70・71 ページ

70ページの答え

① 1　② 3　③ 9　④ 1　⑤ 9　⑥ 0　⑦ 3　⑧ 9

⑨ 0　⑩ 9

71ページの答え

1 関数$y=-\dfrac{1}{2}x^2$で, xの変域が次のようなとき, yの変域を求めましょう。

(1) $2\leqq x\leqq4$
グラフで, $2\leqq x\leqq4$に対応するyの値を調べると,
$x=2$のとき, yは最大値-2
$x=4$のとき, yは最小値-8
をとる。
これより, yの変域は, $-8\leqq y\leqq-2$

(2) $-4\leqq x\leqq2$
グラフで, $-4\leqq x\leqq2$に対応するyの値を調べると,
$x=0$のとき, yは最大値0
$x=-4$のとき, yは最小値-8
をとる。
これより, yの変域は, $-8\leqq y\leqq0$

31 変化の割合を求めよう

本文 72・73 ページ

72ページの答え

① 1　② 9　③ 9　④ 1　⑤ 8　⑥ 8　⑦ 4　⑧ -4

⑨ -4　⑩ -12　⑪ 2　⑫ -6

73ページの答え

1 関数$y=2x^2$で, xの値が次のように増加するときの変化の割合を求めましょう。

(1) 1から4まで
xの増加量は, $4-1=3$
yの増加量は, $2\times4^2-2\times1^2=32-2=30$
したがって, 変化の割合は, $\dfrac{30}{3}=10$

1つの式で表すと, 次のように計算できる。
$\dfrac{2\times4^2-2\times1^2}{4-1}=\dfrac{32-2}{3}=\dfrac{30}{3}=10$

(2) -5から-3まで
xの増加量は, $-3-(-5)=2$
yの増加量は, $2\times(-3)^2-2\times(-5)^2=18-50=-32$
したがって, 変化の割合は, $\dfrac{-32}{2}=-16$

1つの式で表すと, 次のように計算できる。
$\dfrac{2\times(-3)^2-2\times(-5)^2}{-3-(-5)}=\dfrac{18-50}{2}=\dfrac{-32}{2}=-16$

32 関数で解決しよう

本文 74・75 ページ

74ページの答え

① 3　② 45　③ 45　④ 3　⑤ 5　⑥ 5　⑦ 5　⑧ 5

⑨ 80　⑩ 5　⑪ 5　⑫ 36　⑬ 6　⑭ 6

75ページの答え

1 自動車にブレーキをかけるとき, ブレーキがきき始めてから停止するまでに自動車が進む距離を制動距離といいます。時速$x$kmで走っている自動車の制動距離をymとすると, yはxの2乗に比例します。いま, 時速60kmで走っている自動車の制動距離が27mでした。次の問いに答えましょう。

(1) yをxの式で表しましょう。
yはxの2乗に比例するから, $y=ax^2$とおける。
この式に, $x=60$, $y=27$を代入すると,
$27=a\times60^2,\ 3600a=27,\ a=\dfrac{3}{400}$

したがって, 式は, $y=\dfrac{3}{400}x^2$

(2) 時速40kmで走ったときと, 時速80kmで走ったときの制動距離の差は何mですか。
$y=\dfrac{3}{400}x^2$に$x=40$を代入すると, $y=\dfrac{3}{400}\times40^2=\dfrac{3}{400}\times1600=12$
$y=\dfrac{3}{400}x^2$に$x=80$を代入すると, $y=\dfrac{3}{400}\times80^2=\dfrac{3}{400}\times6400=48$
したがって, $48-12=36$(m)

(3) 制動距離が75mのとき, 自動車の時速は何kmですか。
$y=\dfrac{3}{400}x^2$に$y=75$を代入すると,
$75=\dfrac{3}{400}x^2,\ x^2=75\times\dfrac{400}{3},\ x^2=10000,\ x=\pm100$
$x>0$だから, $x=100$(km)

33 放物線と直線を組み合わせた問題

76ページの答え

① 3　② 12　③ 3　④ 12　⑤ 1　⑥ 6　⑦ $x+6$
⑧ 6　⑨ 6　⑩ 3　⑪ 6　⑫ 6　⑬ 27

77ページの答え

1 右の図のように，放物線 $y=ax^2$ と直線 ℓ が
2点A，Bで交わっています。点Aの座標は
$(-4, 4)$，点Bのx座標は6です。次の問
いに答えましょう。

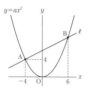

(1) aの値を求めましょう。
点A$(-4, 4)$は，放物線 $y=ax^2$ 上の
点だから，
$4=a\times(-4)^2,\ 16a=4,\ a=\dfrac{1}{4}$

(2) 点Bの座標を求めましょう。
点Bは放物線 $y=\dfrac{1}{4}x^2$ 上の点だから，そのy座標は，$y=\dfrac{1}{4}\times 6^2=9$
よって，B$(6, 9)$

(3) 直線 ℓ の式を求めましょう。
直線 ℓ の式を $y=bx+c$ とおく。
点Aは直線 ℓ 上の点だから，$4=-4b+c$
点Bは直線 ℓ 上の点だから，$9=6b+c$
これを連立方程式として解くと，$b=\dfrac{1}{2},\ c=6$
したがって，直線 ℓ の式は，$y=\dfrac{1}{2}x+6$

(4) △OABの面積を求めましょう。
直線 ℓ とy軸の交点をCとする。
OCの長さは，直線 ℓ の切片に等しいから，
OC$=6$
$\triangle$OAB$=\triangle$OAC$+\triangle$OBC
$\quad=\dfrac{1}{2}\times6\times4+\dfrac{1}{2}\times6\times6$
$\quad=12+18=30$

34 相似とは？

80ページの答え

① 8　② 2　③ 10　④ 2　⑤ 1：2　⑥ 1：2　⑦ 80
⑧ 70　⑨ 85　⑩ ABCD　⑪ EFGH

81ページの答え

1 右の図で，△ABCと△DEF
は相似です。次の問いに答
えましょう。

(1) △ABCと△DEFの相似比を求めましょう。
辺ABに対応する辺は辺DEだから，
AB：DE$=6:9=2:3$より，相似比は$2:3$

(2) 辺EFの長さは何cmですか。
BC：EF$=2:3$より，
$10:EF=2:3,\ 10\times3=EF\times2,\ 30=2EF,\ EF=15$(cm)

(3) 辺ACの長さは何cmですか。
AC：DF$=2:3$より，
AC：$12=2:3,\ AC\times3=12\times2,\ 3AC=24,\ AC=8$(cm)

35 三角形が相似になるためには

82ページの答え

① EF　② CA　③ 3　④ 辺　⑤ DE　⑥ EF　⑦ E
⑧ 2　⑨ 辺　⑩ 角　⑪ E　⑫ C　⑬ 2　⑭ 角

83ページの答え

1 下の図で，相似な三角形の組を選び，記号で答えましょう。
また，そのときに使った三角形の相似条件も書きましょう。

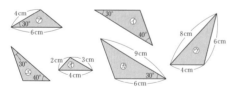

相似な三角形　　三角形の相似条件

⑦ と ⑰ ── 2組の辺の比とその間の角がそれぞれ等しい。

⑦ と ㋔ ── 2組の角がそれぞれ等しい。

㋒ と ㋕ ── 3組の辺の比がすべて等しい。

36 三角形の相似を証明しよう

84ページの答え

① 対頂角　② COB　③ 錯角　④ BCO　⑤ 2組の角
⑥ COB

85ページの答え

1 右の図で，点Oは線分ACとBDの交点です。
△AOD∽△COBであることを証明します。
証明の続きを書いて，証明を完成させましょう。

(証明)
△AODと△COBにおいて，
　AO：CO$=6:9=2:3$
　DO：BO$=4:6=2:3$
　AD：CB$=8:12=2:3$
よって，AO：CO$=$DO：BO$=$AD：CB
3組の辺の比がすべて等しいから，
　△AOD∽△COB

(別解)
　AO：CO$=6:9=2:3$
　DO：BO$=4:6=2:3$
対頂角は等しいから，
　∠AOD$=$∠COB
2組の辺の比とその間の角が
それぞれ等しいから，
　△AOD∽△COB

2 右の図で，点Dは辺BC上の点です。
△ABC∽△DBAであることを証明します。
証明の続きを書いて，証明を完成させま
しょう。

(証明)
△ABCと△DBAにおいて，
　AB：DB$=12:9=4:3$
　BC：BA$=(9+7):12=16:12=4:3$
よって，AB：DB$=$BC：BA　……①
共通な角だから，∠ABC$=$∠DBA　……②
①，②より，2組の辺の比とその間の角がそれぞれ等しいから，
　△ABC∽△DBA

37 三角形に平行な直線をひこう

 本文 86・87 ページ

① 18　② 10　③ 12　④ 180　⑤ 15　⑥ 18

⑦ 12　⑧ 144　⑨ 18　⑩ 8

---

1 次の図で，DE∥BCです。x，yの値を求めましょう。

(1) (2)

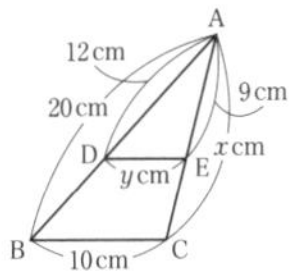

$AD : AB = AE : AC$

$12 : 20 = 9 : x$

$12x = 180$

$x = 15$

$AD : AB = DE : BC$

$12 : 20 = y : 10$

$120 = 20y$

$y = 6$

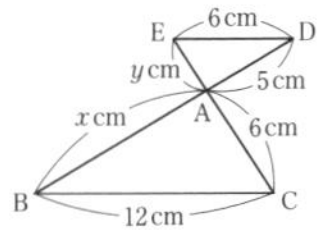

図のように，点D，Eが辺BA，CAの延長上にあっても，

$AD : AB = AE : AC = DE : BC$

が成り立つ。

$AD : AB = DE : BC$

$5 : x = 6 : 12$

$60 = 6x$

$x = 10$

$AE : AC = DE : BC$

$y : 6 = 6 : 12$

$12y = 36$

$y = 3$

---

38 平行線に交わる直線をひこう

 本文 88・89 ページ

① 12　② 10　③ 8　④ 120　⑤ 15　⑥ 4　⑦ x

⑧ 8　⑨ 4　⑩ 8　⑪ $36-4x$　⑫ 12　⑬ 36　⑭ 3

---

1 次の図で，直線ℓ，m，nが平行であるとき，xの値を求めましょう。

(1) (2)

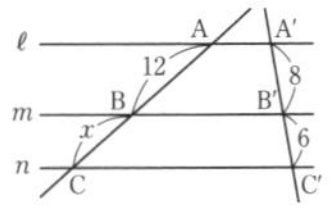

$AB : BC = A'B' : B'C'$

$12 : x = 8 : 6$

$72 = 8x$

$x = 9$

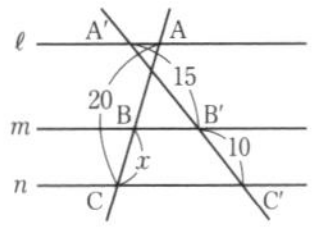

$AB = 20 - x$だから，

$AB : BC = A'B' : B'C'$

$(20-x) : x = 15 : 10$

$10(20-x) = 15x$

$200 - 10x = 15x$

$-25x = -200$

$x = 8$

---

39 中点連結定理とは？

 本文 90・91 ページ

① ∥　② 同位角　③ ABC(B)　④ 75　⑤ $\dfrac{1}{2}$　⑥ $\dfrac{1}{2}$

⑦ 8　⑧ 4

---

1 右の図の△ABCで，点D，E，Fはそれぞれ辺AB，BC，CAの中点です。次の問いに答えましょう。

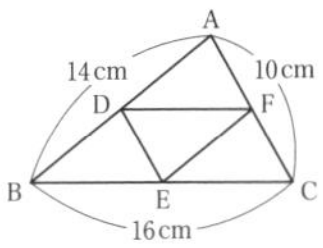

(1) △DEFの周の長さは何cmですか。

$DE = \dfrac{1}{2}AC = \dfrac{1}{2} \times 10 = 5$(cm)

$EF = \dfrac{1}{2}BA = \dfrac{1}{2} \times 14 = 7$(cm)

$DF = \dfrac{1}{2}BC = \dfrac{1}{2} \times 16 = 8$(cm)

よって，DE＋EF＋DF＝5＋7＋8＝20(cm)

(2) ∠ABCと等しい角をすべて答えましょう。

DF∥BCで，同位角は等しいから，∠ABC＝∠ADF

FE∥ABで，同位角は等しいから，∠ABC＝∠FEC

DF∥BCで，錯角は等しいから，∠FEC＝∠EFD

よって，∠ADF，∠FEC，∠EFD

2 右の図で，四角形ABCDは，AD∥BCの台形です。辺ABの中点をEとし，Eから辺BCに平行な直線をひき，AC，CDとの交点をそれぞれF，Gとします。線分EGの長さを求めましょう。

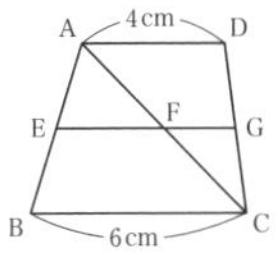

平行線と比の定理より，

AE : EB = AF : FC = DG : GC = 1 : 1

これより，点Fは線分ACの中点，点Gは辺DCの中点である。

△ABCで，中点連結定理より，

$EF = \dfrac{1}{2}BC = \dfrac{1}{2} \times 6 = 3$(cm)

△ACDで，中点連結定理より，

$FG = \dfrac{1}{2}AD = \dfrac{1}{2} \times 4 = 2$(cm)

よって，EG＝EF＋FG＝3＋2＝5(cm)

---

40 はかれない高さを求めよう

 本文 92・93 ページ

① 右の図　② 2.9　③ 2.9

④ 1000　⑤ 2900

⑥ 29　⑦ 29　⑧ 30.5

⑨ 30.5

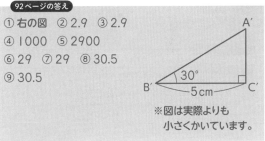

※図は実際よりも小さくかいています。

---

1 ビルから40m離れた地点Pからビルの先端Aを見上げたところ，水平方向に対して50°上に見えました。目の高さを1.5mとして，ビルの高さを求めましょう。

縮尺を$\dfrac{1}{1000}$として，△ABCの縮図△A'B'C'をかきます。

縮図上で，A'C'の長さをはかると，約4.8cm

実際のACの長さは，4.8×1000＝4800(cm)

ACの長さをmの単位に直すと，AC＝48m

ビルの高さは，48＋1.5＝49.5(m)→約49.5m

※別の縮尺で求めてもよい。

※図は実際よりも小さくかいています。

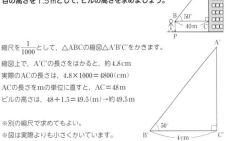

41 相似な図形の面積の比は？

① 2 ② 3 ③ 2 ④ 3 ⑤ 2 ⑥ 3 ⑦ 4 ⑧ 9
⑨ 4 ⑩ 9 ⑪ 108 ⑫ 4 ⑬ 27

95ページの答え

1️⃣ 右の図の△ABCで，DE∥BCです。
次の問いに答えましょう。

(1) △ADEの周の長さが24cmのとき，
△ABCの周の長さは何cmですか。

△ADEと△ABCは，2組の角がそれぞれ等しいから，△ADE∽△ABC
相似比は，6：(6＋4)＝6：10＝3：5
周の長さの比は相似比に等しいから，24：(△ABCの周の長さ)＝3：5，
120＝(△ABCの周の長さ)×3，(△ABCの周の長さ)＝40(cm)

(2) △ABCの面積が75cm²のとき，△ADEの面積は何cm²ですか。

面積の比は相似比の2乗に等しいから，
△ADE：△ABC＝3²：5²＝9：25
△ADE：75＝9：25，△ADE×25＝675，△ADE＝27(cm²)

2️⃣ 右の図の△ABCで，点D，Eは辺ABを3等分する
点で，点F，Gは辺ACを3等分する点です。
△ADFの面積と台形DEGFの面積と台形EBCGの
面積の比を求めましょう。

△ADFと△AEGは，
2組の辺の比とその間の角がそれぞれ等しいから，
△ADF∽△AEG∽△ABC
相似比は1：2：3だから，面積の比は，
△ADF：△AEG：△ABC＝1²：2²：3²＝1：4：9
よって，(台形DEGFの面積)＝△AEG－△ADF＝4－1＝3
また，(台形EBCGの面積)＝△ABC－△AEG＝9－4＝5
したがって，△ADF：(台形DEGFの面積)：(台形EBCGの面積)＝1：3：5

---

42 相似な立体の体積の比は？

96ページの答え

① 1 ② 2 ③ 1 ④ 2 ⑤ 1 ⑥ 4 ⑦ 1 ⑧ 2
⑨ 1 ⑩ 8 ⑪ 1 ⑫ 8 ⑬ 120

97ページの答え

1️⃣ 右の図で，円柱PとQは相似で，相似比
は2：3です。次の問いに答えましょう。

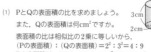

(1) PとQの表面積の比を求めましょう。
また，Qの表面積は何cm²ですか。
表面積の比は相似比の2乗に等しいから，
(Pの表面積)：(Qの表面積)＝2²：3²＝4：9
Pの表面積は，3×2×π×2＋π×2²×2＝20π(cm²)
20π：(Qの表面積)＝4：9，180π＝(Qの表面積)×4，
(Qの表面積)＝45π(cm²)

(2) PとQの体積の比を求めましょう。また，Qの体積は何cm³ですか。
体積の比は相似比の3乗に等しいから，
(Pの体積)：(Qの体積)＝2³：3³＝8：27
Pの体積は，π×2²×3＝12π(cm³)
12π：(Qの体積)＝8：27，324π＝(Qの体積)×8，
(Qの体積)＝$\frac{324\pi}{8}$＝$\frac{81}{2}$π(cm³)

2️⃣ 右の図のように，円錐を底面に平行な2つの平面で，高さ
が3等分されるように，3つの立体P，Q，Rに分け
ます。立体P，Q，Rの体積の比を求めましょう。

立体Pを円錐⑦，立体PとQを合わせた円錐を⑦，
立体PとQとRを合わせた円錐を⑦とします。
円錐⑦，⑦，⑦は相似で，相似比は1：2：3
よって，円錐⑦，⑦，⑦の体積の比は，
1³：2³：3³＝1：8：27
したがって，
(立体Pの体積)：(立体Qの体積)：(立体Rの体積)
＝1：(8－1)：(27－8)＝1：7：19

---

43 円周角の定理とは？

100ページの答え

① APB ② 55 ③ 55 ④ 110 ⑤ 180 ⑥ 180 ⑦ 90

101ページの答え

1️⃣ 次の図で，∠x，∠yの大きさを求めましょう。

(1)

∠x＝2∠A＝2×65°＝130°
∠y＝∠A＝65°

(2)

大きいほうの$\overparen{BC}$に対する中心角は，
∠BOC＝360°－140°＝220°
∠x＝$\frac{1}{2}$×220°＝110°

(3)

OB＝OCだから，
∠BOC＝180°－40°×2＝100°
∠x＝$\frac{1}{2}$∠BOC＝$\frac{1}{2}$×100°＝50°

(4)

∠BOC＝2∠A＝2×25°＝50°
∠COD＝2∠E＝2×35°＝70°
∠x＝50°＋70°＝120°

(5)

∠x＝90°
∠y＝180°－(50°＋90°)＝40°

(6)

∠ABC＝90°
∠BCA＝180°－(55°＋90°)＝35°
∠x＝∠BCA＝35°

---

44 同じ円周上にある点はどれ？

102ページの答え

① D ② BDC ③ DBC ④ CD ⑤ DBC ⑥ 30
⑦ 180 ⑧ 45 ⑨ ADB ⑩ AB ⑪ ACB ⑫ 45

103ページの答え

1️⃣ 右の図で，∠x，∠yの大きさを求めましょう。

2点A，Bが直線CDについて同じ側にあって，
∠DAC＝∠DBCだから，4点はA，B，C，Dは
1つの円周上にある。
∠ABDと∠ACDは，どちらも$\overparen{AD}$に対する円周角
だから，∠x＝∠ACD＝35°
△ABDで，∠ADB＝180°－(105°＋35°)＝40°
∠ACBと∠ADBは，どちらも$\overparen{AB}$に対する円周角
だから，∠y＝∠ADB＝40°

2️⃣ 右の図の△ABCで，点B，Cから辺AC，ABに垂線
をひき，その交点をそれぞれD，Eとします。
このとき，4点B，C，D，Eは1つの円周上にある
ことを証明しましょう。

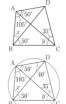

(証明)
BD⊥ACより，∠BDC＝90°，CE⊥ABより，∠BEC＝90°
よって，2点D，Eは直線BCについて同じ側にあって，∠BDC＝∠BEC
したがって，円周角の定理の逆より，4点はB，C，D，Eは1つの円周上に
ある。

45 円周角の定理を使って

① AED ② AC ③ AED ④ 半円 ⑤ 90 ⑥ 90
⑦ ADE ⑧ 2組の角

1 右の図のように，円周上に4つの点A，B，C，D
があります。ACとBDとの交点をEとします。
$\overset{\frown}{AB}=\overset{\frown}{AD}$であるとき，△ABC∽△DECであるこ
とを証明しましょう。

（証明）
△ABCと△DECにおいて，
∠BACと∠EDCは，どちらも$\overset{\frown}{BC}$に対する円周角だから，
　　∠BAC＝∠EDC ……①
$\overset{\frown}{AB}=\overset{\frown}{AD}$で，1つの円で，等しい弧に対する円周角は等しいから，
　　∠ACB＝∠DCE ……②
①，②より，2組の角がそれぞれ等しいから，
　　△ABC∽△DEC

46 三平方の定理とは？

① 3 ② 4 ③ 25 ④ 5 ⑤ 5 ⑥ 6 ⑦ 8 ⑧ 28
⑨ 28 ⑩ 2 ⑪ 7 ⑫ $2\sqrt{7}$

1 次の図の直角三角形で，xの値を求めましょう。

(1)
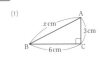

$$BC^2+AC^2=AB^2$$
$$6^2+3^2=x^2$$
$$x^2=45$$
$$x=\pm\sqrt{45}$$
$$x=\pm3\sqrt{5}$$
$x>0$だから，$x=3\sqrt{5}$

(2)
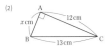

$$AB^2+AC^2=BC^2$$
$$x^2+12^2=13^2$$
$$x^2=25$$
$$x=\pm5$$
$x>0$だから，$x=5$

(3)

△ABDで，$3^2+AD^2=5^2$
　　　　$AD^2=16$，　$AD=\pm4$
　　$AD>0$だから，　$AD=4(cm)$
△ADCで，$4^2+(2\sqrt{5})^2=x^2$
　　　　$x^2=36$，　$x=\pm6$
$x>0$だから，$x=6$

47 直角三角形になるためには

① 7 ② 9 ③ 7 ④ 49 ⑤ 74 ⑥ 9 ⑦ 81
⑧ 成り立たない ⑨ 8 ⑩ 10 ⑪ 8 ⑫ 64 ⑬ 100
⑭ 10 ⑮ 100 ⑯ 成り立つ ⑰ ⑦

1 次の長さをそれぞれ3辺とする三角形のうち，直角三角形はどれですか。
すべて選び，記号で答えましょう。

⑦ 2cm，4cm，$\sqrt{6}$ cm
⑦ 3cm，4cm，$\sqrt{7}$ cm
⑦ 3cm，$\sqrt{3}$ cm，$\sqrt{5}$ cm
⑦ 6cm，$2\sqrt{3}$ cm，$2\sqrt{6}$ cm

⑦ $a=2$，$b=\sqrt{6}$，$c=4$とすると，　←いちばん長い辺は4cm
　$a^2+b^2=2^2+(\sqrt{6})^2=4+6=10$
　$c^2=4^2=16$
　$a^2+b^2=c^2$が成り立たないから，直角三角形ではない。
⑦ $a=3$，$b=\sqrt{7}$，$c=4$とすると，　←いちばん長い辺は4cm
　$a^2+b^2=3^2+(\sqrt{7})^2=9+7=16$
　$c^2=4^2=16$
　$a^2+b^2=c^2$が成り立つから，直角三角形である。
⑦ $a=\sqrt{3}$，$b=\sqrt{5}$，$c=3$とすると，　←いちばん長い辺は3cm
　$a^2+b^2=(\sqrt{3})^2+(\sqrt{5})^2=3+5=8$
　$c^2=3^2=9$
　$a^2+b^2=c^2$が成り立たないから，直角三角形ではない。
⑦ $a=2\sqrt{3}$，$b=2\sqrt{6}$，$c=6$とすると，　←いちばん長い辺は6cm
　$a^2+b^2=(2\sqrt{3})^2+(2\sqrt{6})^2=12+24=36$
　$c^2=6^2=36$
　$a^2+b^2=c^2$が成り立つから，直角三角形である。
したがって，直角三角形は，⑦，⑦

48 平面図形と三平方の定理①

① 5 ② 25 ③ 50 ④ 50 ⑤ 5 ⑥ 2 ⑦ 4
⑧ 2 ⑨ 2 ⑩ 4 ⑪ 12 ⑫ 12 ⑬ 2 ⑭ 3

1 次の長さを求めましょう。

(1) 長方形ABCDの対角線BD
△ABDは直角三角形だから，
$AB^2+AD^2=BD^2$
$BD=x$cmとすると，
$x^2=8^2+15^2=64+225=289$
$x>0$だから，$x=\sqrt{289}=17$
よって，$BD=17cm$

(2) 二等辺三角形ABCの高さAH

△ABHは直角三角形だから，
$AH^2+BH^2=AB^2$
$BH=8÷2=4(cm)$
$AH=h$cmとすると，
$h^2=6^2-4^2=36-16=20$
$h>0$だから，$h=\sqrt{20}=2\sqrt{5}$
よって，$AH=2\sqrt{5}cm$

49 平面図形と三平方の定理②

本文
114・115
ページ

114ページの答え

① 5　② 7　③ 24　④ 24　⑤ 2　⑥ 6　⑦ 2　⑧ 6
⑨ 4　⑩ 6　⑪ 2　⑫ 6　⑬ 3　⑭ 4　⑮ 6　⑯ 4
⑰ 52　⑱ 52　⑲ 2　⑳ 13

115ページの答え

1 右の図の半径8cmの円Oで，中心Oからの距離が
6cmである弦ABの長さを求めましょう。

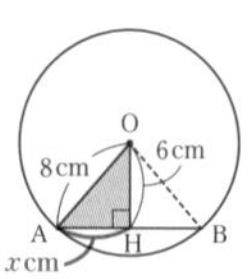

右の図で，△OAHは直角三角形だから，
　AH²+OH²=OA²
AH=xcmとすると，
x²+6²=8²，x²+36=64，x²=28
x>0だから，x=√28=2√7
円の中心Oから弦ABにひいた垂線OHは，
ABを2等分するから，AB=2AH=2×2√7=4√7 (cm)

2 右の図のような半径2cmの円Oがありま
す。中心Oから6cmの距離にある点Aから
円Oにひいた接線APの長さを求めましょう。

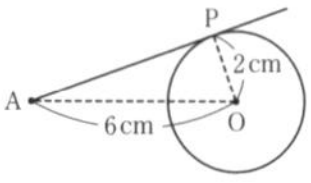

円の接線は，接点を通る半径に垂直だから，
∠APO=90°
△AOPは直角三角形だから，AP²+PO²=AO²
AP=xcmとすると，
x²+2²=6²，x²+4=36，x²=32
x>0だから，x=√32=4√2 (cm)

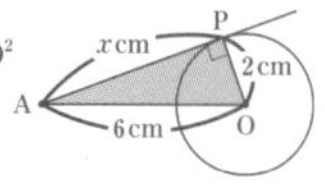

3 2点A(-1，-4)，B(6，5)間の距離を求めましょう。

右の図のように，線分ABを斜辺とし，他の2辺が
座標軸に平行な直角三角形ABCをつくります。
直角三角形ABCで，
　AC=6-(-1)=7
　BC=5-(-4)=9
よって，AB²=7²+9²=49+81=130
AB>0だから，AB=√130

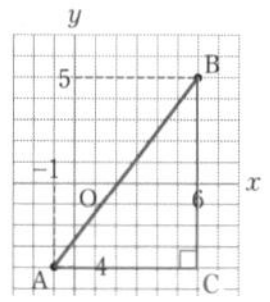

---

50 空間図形と三平方の定理①

本文
116・117
ページ

116ページの答え

① AEG　② EFG　③ 6　④ 3　⑤ 2　⑥ 6　⑦ 3
⑧ 2　⑨ 49　⑩ 49　⑪ 7

117ページの答え

1 次の長さを求めましょう。

(1) 右の直方体の対角線AGの長さ
△EFGは直角三角形だから，
　EG²=EF²+FG²=7²+5²　……①
△AEGは直角三角形だから，
　AG²=EG²+AE²=EG²+4²　……②
①，②から，
　AG²=(7²+5²)+4²=49+25+16=90
AG>0だから，AG=√90=3√10 (cm)

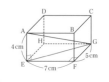

(2) 右の立方体の対角線AGの長さ 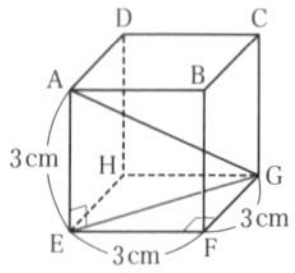
△EFGは直角三角形だから，
　EG²=EF²+FG²=3²+3²　……①
△AEGは直角三角形だから，
　AG²=EG²+AE²=EG²+3²　……②
①，②から，
　AG²=(3²+3²)+3²=9+9+9=27
AG>0だから，AG=√27=3√3 (cm)

---

51 空間図形と三平方の定理②

本文
118・119
ページ

118ページの答え

① 32　② 32　③ 4　④ 2　⑤ 4√2　⑥ 2√2
⑦ 2√2　⑧ 8　⑨ 28　⑩ 28　⑪ 2　⑫ 7　⑬ 2√7

⑭ $\frac{32\sqrt{7}}{3}$

119ページの答え

1 右の図の正四角錐について，次の問いに答えましょう。

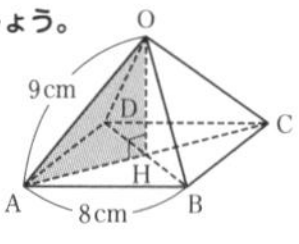

(1) 高さOHを求めましょう。
△ABCは直角三角形だから，
　AC²=AB²+BC²=8²+8²=128
AC>0だから，AC=√128=8√2 (cm)
点HはACの中点だから，AH=8√2÷2=4√2 (cm)
△OAHは直角三角形だから，OH²=OA²-AH²=9²-(4√2)²=49
OH>0だから，OH=√49=7 (cm)

(2) 体積を求めましょう。

(角錐の体積)=$\frac{1}{3}$×(底面積)×(高さ)だから，

$\frac{1}{3}$×8²×7=$\frac{448}{3}$ (cm³)

2 右の図の円錐について，次の問いに答えましょう。

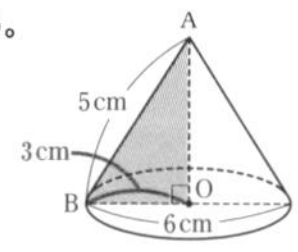

(1) 高さAOを求めましょう。
BOは円Oの半径だから，
　BO=6÷2=3 (cm)
△ABOは直角三角形だから，
　AO²+BO²=AB²，AO²+3²=5²，AO²=16
AO>0だから，AO=√16=4 (cm)

(2) 体積を求めましょう。

(円錐の体積)=$\frac{1}{3}$×(底面積)×(高さ)だから，

$\frac{1}{3}$×π×3²×4=12π (cm³)

---

52 どんな調査をしているのかな？

本文
122・123
ページ

122ページの答え

① 全数　② 標本　③ 全校生徒825人
④ 選んだ50人の生徒　⑤ 50(50人)

123ページの答え

1 次の調査は，全数調査と標本調査のどちらで行うのが適切ですか。

(1) 牛乳の品質検査
全部の製品について検査する
と，販売する商品がなくなっ
てしまうから，標本調査。

(2) 学校での視力検査
全部の生徒について検査する
必要があるから，全数調査。

(3) 新聞社が行う内閣の支持率調査
全数調査では，多くの費用や
時間がかかってしまうから，
標本調査。

(4) コンサート入場者の手荷物検査
全部の入場者について検査する
必要があるから，全数調査。

2 ある食品工場では，製品の品質検査をするために，毎日，生産された製
品から20個を選んで検査しています。この検査の母集団と標本を答え
ましょう。また，標本の大きさはいくつですか。

母集団は，生産された全部の製品。
標本は，選んだ20個の製品。
標本の大きさは，20(個)。

---

53 標本調査を使って推定しよう

124ページの答え

① 標本　② 母集団　③ 45　④ 9　⑤ 9　⑥ 200
⑦ 9　⑧ 1800　⑨ 1800

125ページの答え

1 箱の中に白玉だけがたくさん入っています。この箱の中に，白玉と同じ大きさの赤玉を100個入れ，よくかき混ぜます。そして，箱の中から40個の玉を無作為に取り出したところ，その中に赤玉が5個入っていました。はじめに箱の中に入っていた白玉はおよそ何個と考えられますか。

40個の玉において，赤玉は5個，白玉は，40−5＝35(個)
よって，赤玉と白玉の個数の比は，5：35＝1：7
母集団における赤玉と白玉の個数の比も1：7と考えられる。
箱の中の白玉の個数をx個とすると，100：x＝1：7，x＝700
したがって，白玉の個数はおよそ700個。

2 ある池にいるコイの数を調べるために，コイを37匹捕獲して全部に印をつけて，池にかえしました。2週間後，再びコイを60匹捕獲したら，印のついたコイが9匹ふくまれていました。この池にはおよそ何匹のコイがいると推定できますか。四捨五入して，十の位までの概数で答えましょう。

2週間後に捕獲した60匹のコイにおいて，印がついたコイと捕獲したコイの数の比は，9：60＝3：20
池にいるコイ（母集団）における印がついたコイと全部のコイの数の比も3：20と考えられる。
池にいるコイの数をx匹とすると，37：x＝3：20，740＝3x，x＝246.6…
したがって，コイの数はおよそ250匹。

復習テスト **1** (本文28〜29ページ)

1 (1) $-3a^2+12ab$　(2) $2x-6y$

2 (1) $3x^2+x-2$　(2) x^2-9x+8
(3) $x^2+18x+81$　(4) x^2-9y^2
(5) a^2+a-30　(6) $a^2-14ab+49b^2$

3 (1) $9a^2-9a+2$　(2) $16x^2-40xy+25y^2$
(3) $2x^2-6x-7$　(4) $-x-11$

解説

(2) $(4x-5y)^2=(4x)^2-2\times5y\times4x+(5y)^2$
　$=16x^2-40xy+25y^2$

(3) $(x-3)^2+(x+4)(x-4)$
　$=x^2-6x+9+(x^2-16)$
　$=x^2-6x+9+x^2-16=2x^2-6x-7$

(4) $(x+2)(x+7)-(x+5)^2$
　$=x^2+9x+14-(x^2+10x+25)$
　$=x^2+9x+14-x^2-10x-25=-x-11$

4 (1) $xy(x-y+z)$　(2) $(x+2)(x+3)$
(3) $(x+4)^2$　(4) $(x+10)(x-10)$
(5) $(x+7)(x-8)$　(6) $(x-6)^2$

5 (1) 31　(2) 50

解説

(1) $(x-6)(x+8)-(x+7)(x-7)$
　$=x^2+2x-48-(x^2-49)$
　$=x^2+2x-48-x^2+49$
　$=2x+1=2\times15+1=31$

(2) $a^2-b^2=(a+b)(a-b)$
　$=(7.5+2.5)\times(7.5-2.5)=10\times5=50$

6 （証明）　nを整数とすると，連続する2つの偶数は，$2n$，$2n+2$と表せる。

この2つの偶数の積に1たした数は，
　$2n(2n+2)+1=4n^2+4n+1$
　　　　　　　　　$=(2n+1)^2$

$2n+1$は，$2n$と$2n+2$の間にある奇数である。

したがって，連続する2つの偶数の積に1たした数は，この2つの偶数の間にある奇数の2乗に等しくなる。

1 (1) 8と−8　　(2) $\dfrac{3}{5}$と−$\dfrac{3}{5}$

(3) $\sqrt{13}$と−$\sqrt{13}$

2 (1) 7　　　(2) −10　　　(3) 4

3 (1) $5 < \sqrt{29}$　　(2) $-6 > -\sqrt{37}$

4 (1) $3.55 \leqq a < 3.65$　(2) 5.370×10^6 km

5 (1) $4\sqrt{5}$　　(2) $\sqrt{2}$　　(3) $\dfrac{2\sqrt{2}}{3}$

6 (1) $5\sqrt{3}$　　　　(2) 2

(3) $9\sqrt{3}$　　　　(4) $-3\sqrt{2}$

(5) $-\sqrt{3} - 3\sqrt{2}$　(6) $-\sqrt{6}$

(7) $5\sqrt{2}$　　　　(8) $-\dfrac{\sqrt{3}}{2}$

解説

(7) $\sqrt{8} + \dfrac{6}{\sqrt{2}} = 2\sqrt{2} + \dfrac{6 \times \sqrt{2}}{\sqrt{2} \times \sqrt{2}} = 2\sqrt{2} + \dfrac{6\sqrt{2}}{2}$

$= 2\sqrt{2} + 3\sqrt{2} = 5\sqrt{2}$

(8) $\sqrt{3} - \dfrac{9}{2\sqrt{3}} = \sqrt{3} - \dfrac{9 \times \sqrt{3}}{2\sqrt{3} \times \sqrt{3}} = \sqrt{3} - \dfrac{9\sqrt{3}}{6}$

$= \dfrac{2\sqrt{3}}{2} - \dfrac{3\sqrt{3}}{2} = -\dfrac{\sqrt{3}}{2}$

7 (1) $-2 + 2\sqrt{3}$　　(2) −19

(3) $7 - 2\sqrt{10}$　　(4) $-5 - 2\sqrt{3}$

解説

(1) $-\sqrt{2}(\sqrt{2} - \sqrt{6}) = -2 + \sqrt{12} = -2 + 2\sqrt{3}$

(2) $(\sqrt{6} + 5)(\sqrt{6} - 5) = (\sqrt{6})^2 - 5^2 = 6 - 25 = -19$

(3) $(\sqrt{5} - \sqrt{2})^2 = (\sqrt{5})^2 - 2 \times \sqrt{2} \times \sqrt{5} + (\sqrt{2})^2$

$= 5 - 2\sqrt{10} + 2 = 7 - 2\sqrt{10}$

(4) $(\sqrt{3} + 2)(\sqrt{3} - 4)$

$= (\sqrt{3})^2 + (2 - 4) \times \sqrt{3} + 2 \times (-4) = 3 - 2\sqrt{3} - 8$

$= -5 - 2\sqrt{3}$

8 $4\sqrt{6}$

解説

$x^2 - y^2 = (x + y)(x - y)$

$= \{(\sqrt{2} + \sqrt{3}) + (\sqrt{2} - \sqrt{3})\}\{(\sqrt{2} + \sqrt{3}) - (\sqrt{2} - \sqrt{3})\}$

$= 2\sqrt{2} \times 2\sqrt{3} = 4\sqrt{6}$

---

1 イ，エ

2 (1) $x = \pm 3$　　　(2) $x = 1,\ x = 5$

(3) $x = \pm 2\sqrt{5}$　　(4) $x = -6$

(5) $x = -4,\ x = 7$　(6) $x = 1 \pm \sqrt{3}$

3 (1) $x = 3 \pm \sqrt{6}$　　(2) $x = \dfrac{-7 \pm \sqrt{29}}{10}$

4 (1) $x = 2,\ x = -4$　(2) $x = -2,\ x = 6$

(3) $x = \dfrac{5 \pm \sqrt{13}}{2}$　(4) $x = \pm 4$

(5) $x = -4,\ x = -9$　(6) $x = \dfrac{3 \pm \sqrt{2}}{2}$

解説

与えられた方程式を計算して，$ax^2 + bx + c = 0$ の形に整理してから解きます。

5 8と9

解説

小さいほうの数を x とすると，大きいほうの数は $x + 1$ と表せます。

それぞれの数を2乗した和が145だから，

$x^2 + (x + 1)^2 = 145$, $x^2 + x^2 + 2x + 1 - 145 = 0$,

$2x^2 + 2x - 144 = 0$, $x^2 + x - 72 = 0$,

$(x + 9)(x - 8) = 0$, $x = -9,\ x = 8$

x は自然数だから，$x = -9$ は問題にあわない。

$x = 8$ のとき，連続する2つの数は8，9となり，これは問題にあっている。

6 縦　16 cm，横　19 cm

解説

紙の縦の長さを x cm とすると，横の長さは $(x + 3)$ cm と表せます。

直方体の容器の容積が270 cm³ になるから，

$5(x - 5 \times 2)\{(x + 3) - 5 \times 2\} = 270$

$5(x - 10)(x - 7) = 270$, $x^2 - 17x + 16 = 0$,

$(x - 1)(x - 16) = 0$, $x = 1,\ x = 16$

$x > 10$ だから，$x = 1$ は問題にあわない。

$x = 16$ のとき，縦の長さは16 cm，横の長さは19 cm となり，これは問題にあっている。

1
①, ②

2
(1) $y=4x^2$　　　(2) $y=-3$

3
(1) 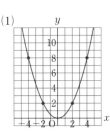　　(2)

4
(1) $0 \leqq y \leqq 9$　　(2) $a=-\dfrac{1}{2}$

解説

(1) $x=0$ のとき y は最小値 0 をとり, $x=-6$ のとき y は最大値 9 をとります。

(2) 関数 $y=ax^2$ で, y の変域が $-18 \leqq y \leqq 0$ だから, グラフは x 軸の下側にあります。

　　よって, $x=6$ のとき y は最小値 -18 をとるから, $-18=a \times 6^2$, $a=-\dfrac{1}{2}$

5
(1) 18　　　　(2) $y=-2x^2$

解説

(2) y は x の 2 乗に比例するから, $y=ax^2$ とおけます。x の値が 3 から 6 まで増加するときの変化の割合は, $\dfrac{a \times 6^2 - a \times 3^2}{6-3} = \dfrac{27a}{3} = 9a$

　　よって, $9a=-18$, $a=-2$
　　したがって, 関数の式は, $y=-2x^2$

6
(1) Aの座標 $(-3, -9)$, Bの座標 $(2, -4)$
(2) $a=-1$　　　(3) 15

解説

(2) 点 $B(2, -4)$ は放物線 $y=ax^2$ 上の点だから, $-4=a \times 2^2$, $a=-1$

(3) 直線 $y=x-6$ と y 軸との交点を C とすると,

$\triangle OAB=\triangle OAC+\triangle OBC$
$=\dfrac{1}{2} \times 6 \times 3 + \dfrac{1}{2} \times 6 \times 2 = 15$

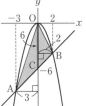

1
(1) x の値　9, y の値　8
(2) x の値　4, y の値　3

解説

(1) $\triangle ABC \backsim \triangle ACD$ だから,

AB：AC＝AC：AD, $x：6=6：4$, $4x=36$,
$x=9$

AC：AD＝BC：CD, $6：4=12：y$,
$48=6y$, $y=8$

(2) DE∥FG だから, AD：AF＝AE：AG,

$6：(6+x)=9：15$, $90=9(6+x)$,
$36=9x$, $x=4$

DE∥FG∥BC だから, DF：FB＝EG：GC,

$4：2=(15-9)：y$, $4y=12$, $y=3$

2
(1) 三角形の組　$\triangle ABC \backsim \triangle DBA$
　　相似条件　2組の辺の比とその間の角がそれぞれ等しい
(2) 三角形の組　$\triangle ABD \backsim \triangle DCB$
　　相似条件　3組の辺の比がすべて等しい

解説

(1) $\triangle ABC$ と $\triangle DBA$ において,

AB：DB＝12：(9+7)＝12：16＝3：4
BC：BA＝9：12＝3：4
よって, AB：DB＝BC：BA
共通な角だから, ∠ABC＝∠DBA

(2) $\triangle ABD$ と $\triangle DCB$ において,

AB：DC＝15：20＝3：4
BD：CB＝24：32＝3：4
AD：DB＝18：24＝3：4
よって, AB：DC＝BD：CB＝AD：DB

3
(1) 4 cm　　　(2) 6 cm

解説

(2) $\triangle CED$ で, 中点連結定理より,

$GF=\dfrac{1}{2}DE=\dfrac{1}{2} \times 4 = 2$ (cm)

$BG=BF-GF=8-2=6$ (cm)

4 (証明) △ABCと△AEDにおいて，

AB：AE＝(10+8)：12＝18：12＝3：2

AC：AD＝(12+3)：10＝15：10＝3：2

よって，AB：AE＝AC：AD ……①

共通な角だから，∠BAC＝∠EAD……②

①，②より，2組の辺の比とその間の角

がそれぞれ等しいから，△ABC∽△AED

5 (1)

A′

B′ 35° C′
4cm

(2) 約57.5m

解説

(1) 80m＝8000cmだから，

$$B'C'=8000×\frac{1}{2000}=4(cm)$$

(2) 縮図上で，A′C′の長さをはかると，約2.8cm

実際のACの長さは，2.8×2000＝5600(cm)

ACの長さをmの単位に直すと，AC＝56m

ビルの高さは，56+1.5＝57.5(m)

6 (1) 面積の比 9：25，

△OABの面積 75cm²

(2) 体積の比 27：125，

三角錐OPQRの体積 54cm³

解説

三角錐OPQRと三角錐OABCは相似で，相似比は，

OP：OA＝3：(3+2)＝3：5

(1) 面積の比は相似比の2乗に等しいから，

△OPQ：△OAB＝3²：5²＝9：25

△OABの面積は，27：△OAB＝9：25，

27×25＝△OAB×9，△OAB＝75(cm²)

(2) 体積の比は相似比の3乗に等しいから，

(三角錐OPQRの体積)：(三角錐OABCの体積)

＝3³：5³＝27：125

(三角錐OPQRの体積)：250＝27：125，

(三角錐OPQRの体積)×125＝250×27，

(三角錐OPQRの体積)＝54(cm³)

復習テスト ⑥ (本文106～107ページ)

1 (1) 50° (2) 25°

解説

(1) 半円の弧に対する円周角は90°だから，

∠BCD＝90°

三角形の内角の和は180°だから，

∠BDC＝180°−(40°+90°)＝50°

∠BACと∠BDCは$\overparen{BC}$に対する円周角だから，

∠BAC＝∠BDC＝50°

(2) △ABCはAB＝ACの二等辺三角形だから，

∠ACB＝(180°−50°)÷2＝65°

よって，∠ACD＝90°−65°＝25°

2 (1) 95° (2) 130°

(3) 20° (4) 45°

解説

(1) ∠ADB＝∠ACB＝35°

三角形の外角は，それ

ととなり合わない2つの

内角の和に等しいから，

∠x＝60°+35°＝95°

(2) 点OとAを結びます。

△ABO，△ACOはどち

らも二等辺三角形だから，

∠OAB＝∠OBA＝25°

∠OAC＝∠OCA＝40°

よって，∠BAC＝25°+40°＝65°

したがって，∠x＝2×65°＝130°

(3) 点AとCを結びます。

∠BAC＝90°

∠DAC＝110°−90°

＝20°

したがって，

∠x＝∠DAC＝20°

(4) ∠BAD＝90°

∠ADB

＝(180°−90°)÷2＝45°

したがって，

∠x＝∠ADB＝45°

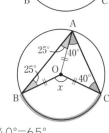

3 30°

解説

2点A, Bが直線CDについて同じ側にあって, ∠DAC=∠DBCだから, 4点はA, B, C, Dは1つの円周上にあります。

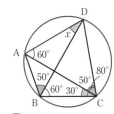

∠ABDと∠ACDは, どちらも$\overparen{AD}$に対する円周角だから, ∠ACD=∠ABD=50°

∠ACB=80°−50°=30°

∠ADBと∠ACBは, どちらも$\overparen{AB}$に対する円周角だから, ∠x=∠ACB=30°

4 (1) 40°

(2) (証明) △ABEと△ADCにおいて,

AEは∠BACの二等分線だから,

∠BAE=∠DAC ……①

∠AEBと∠ACDは, どちらも$\overparen{AB}$に対する円周角だから,

∠AEB=∠ACD ……②

①, ②より, 2組の角がそれぞれ等しいから, △ABE∽△ADC

5 (証明) △ACDと△BDEにおいて,

∠ABDと∠ACDは, どちらも$\overparen{AD}$に対する円周角だから,

∠ABD=∠ACD ……①

AB//DEで, 錯角は等しいから,

∠ABD=∠BDE ……②

①, ②より, ∠ACD=∠BDE ……③

∠DACと∠EBDは, どちらも$\overparen{CD}$に対する円周角だから,

∠DAC=∠EBD ……④

③, ④より, 2組の角がそれぞれ等しいから, △ACD∽△BDE

解説

円周角の定理より,

∠ABD=∠ACD

平行線と角の関係より,

∠ABD=∠BDE

よって, ∠ACD=∠BDE

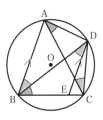

復習テスト 7 （本文120〜121ページ）

1 (1) $x=17$ (2) $x=4\sqrt{2}$

解説

(1) $x^2=8^2+15^2=64+225=289$

$x>0$ だから, $x=\sqrt{289}=17$

(2) $7^2+x^2=9^2$, $49+x^2=81$, $x^2=32$

$x>0$ だから, $x=\sqrt{32}=4\sqrt{2}$

2 ㋐, ㋔

解説

いちばん長い辺を斜辺c, 残りの2辺をa, bとして, 3辺の間に$a^2+b^2=c^2$という関係が成り立つかどうか調べます。成り立つときは直角三角形になり, 成り立たないときは直角三角形になりません。

3 (1) 15 cm (2) $10\sqrt{6}$ cm²

解説

(1) △ABCは直角三角形だから,

$AC^2=AB^2+BC^2=9^2+12^2=81+144=225$

$AC>0$ だから, $AC=\sqrt{225}=15$(cm)

(2) △ABHは直角三角形だから, $AH^2+BH^2=AB^2$

点Hは辺BCの中点だから, $BH=10÷2=5$(cm)

$AH^2+5^2=7^2$, $AH^2+25=49$, $AH^2=24$

$AH>0$ だから, $AH=\sqrt{24}=2\sqrt{6}$(cm)

$△ABC=\dfrac{1}{2}×10×2\sqrt{6}=10\sqrt{6}$(cm²)

4 (1) $3\sqrt{5}$ cm (2) 12 cm

(3) $2\sqrt{34}$ (4) $5\sqrt{2}$ cm

解説

(1) 円の中心Oから弦ABへ垂線OHをひくと, 点OとABとの距離は線分OHの長さになります。

△OAHは直角三角形だから,

$OH^2+AH^2=OA^2$

点Hは弦ABの中点だから,

$AH=12÷2=6$(cm)

よって, $OH^2+6^2=9^2$,

$OH^2+36=81$, $OH^2=45$

$OH>0$ だから, $OH=\sqrt{45}=3\sqrt{5}$(cm)

(2) 円の接線は，接点を通る半径に垂直だから，

∠APO＝90°

△AOPは直角三角形だから，AP²＋PO²＝AO²，

AP²＋5²＝13²，AP²＋25＝169，AP²＝144

AP＞0だから，AP＝√144＝12(cm)

(3) 右の図のように，線
分ABを斜辺とし，他
の2辺が座標軸に平行
な直角三角形ABCをつ
くります。

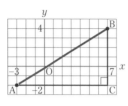

直角三角形ABCで，

AC＝7－(－3)＝10，BC＝4－(－2)＝6

よって，AB²＝10²＋6²＝100＋36＝136

AB＞0だから，AB＝√136＝2√34

(4) △EFGは直角三角形だから，

EG²＝EF²＋FG²＝5²＋4²　……①

△AEGは直角三角形だから，

AG²＝EG²＋AE²＝EG²＋3²　……②

①，②から，

AG²＝(5²＋4²)＋3²＝25＋16＋9＝50

AG＞0だから，AG＝√50＝5√2(cm)

5
(1) 3√7 cm
(2) 36√7 cm³

解説

(1) △ABCは直角三角形だから，

AC²＝AB²＋BC²＝6²＋6²＝72

AC＞0だから，AC＝√72＝6√2(cm)

点HはACの中点だから，

AH＝6√2÷2＝3√2(cm)

△OAHは直角三角形だから，

OH²＋AH²＝OA²，OH²＋(3√2)²＝9²，

OH²＋18＝81，OH²＝63

OH＞0だから，OH＝√63＝3√7(cm)

(2) (角錐の体積)＝$\frac{1}{3}$×(底面積)×(高さ)だから，

$\frac{1}{3}$×6²×3√7＝$\frac{1}{3}$×36×3√7＝36√7(cm³)

復習テスト 8 (本文126〜127ページ)

1
(1) 標本調査　　(2) 全数調査
(3) 標本調査　　(4) 全数調査

2
(1) ⑦

(2) 母集団　この市の3815人の中学生
標本　選び出した200人の生徒
標本の大きさ　200（200人）

(3) およそ760人

3
(1) 6個　　　　(2) およそ150個

解説

(1) (5＋8＋4＋6＋3＋9＋7＋6＋5＋7)÷10
＝60÷10＝6(個)

(2) 標本における青玉の割合は，$\frac{6}{20}＝\frac{3}{10}$と考え
られるから，袋の中の青玉の個数は，
500×$\frac{3}{10}$＝150(個)

4
(1) 1：19　　　(2) およそ480個

解説

(1) 取り出した60個の玉において，赤玉は3個，
白玉は，60－3＝57(個)
赤玉と白玉の個数の比は，3：57＝1：19

(2) 母集団における赤玉と白玉の個数の比も1：19
と考えられます。箱の中の白玉の個数をx個とす
ると，25：x＝1：19，x＝475
したがって，白玉の個数はおよそ480個。

5
およそ4200個

解説

標本として取り出した150個のクリップにおい
て，印をつけたクリップは9個。

よって，印をつけたクリップと取り出したクリッ
プの個数の比は，9：150＝3：50

母集団における印をつけたクリップと箱の中のク
リップの個数の比も3：50と考えられます。

箱の中のクリップの個数をx個とすると，

250：x＝3：50，12500＝3x，x＝4166.6…

したがって，クリップの個数はおよそ4200個。